大田垣晴子

うちの香草 育てる 食べる

薬味とハーブ18種

角川書店

ベランダ園芸やっていますが
―ベランダ園芸自体を始めたのは7年前なんですよね。
いろいろ試しながら今に至る経緯をふり返ってみると……
最初に取り組んだのは野菜だった。
園芸やってみたい！
当時園芸誌のイラスト仕事をしていたので
新鮮!!
無農薬!!
自家菜園を作ろう!!
ちょっと若い
ムスメがまだ幼児だった
ピーマン
ジャガイモ
ニンジン
ホウレンソウ
ミニダイコン
ブロッコリー
失敗ばかりです。
野菜、むずかしい！
根がちょっとふくらんだだけ
カブ
青菜類はヒョロヒョロ
ひっこぬいたら何もついていない!!
ジャガイモ
大きく成長したけど収穫は少ないブロッコリー
直径5センチくらい
手間ヒマかけてこれだけか!!
当時のわたし

「手間」とか「コストパフォーマンス」を気にする人には無理だと思う。
ちょっと大きめのプランターでも、数株しか育てられない。
悪気なく引っこ抜く幼児
に
ズボッ
あっ
ゴラッ
き、貴重な一株を〜〜〜!!
大人気なく怒りがわくわたし……
上手く育てたとしても、収穫したら即おしまい、という量しかないから。
それで楽しめる人もいるでしょうが、
小さいけれどおいしい野菜が食べられる
プランターだと限界がある
野菜作りはプロ(農家)に任せるべきだな……
野菜に限らず、何だって自分(シロウト)が作るより買った方が完成度の高いものが手に入るのは当たり前のこと(プロ作製だから!)。
でも、
自分だって
「作れちゃうんじゃないっ!?」「作ってみたい!」という欲がムクムクと……わいてくる
チャレンジャー。
そういえば、野菜づくりと並行して「グリーンカーテン」を作ってみたこともある。
すずしい
きれい
食べられる
ゴーヤ
テレビでみてさっそく
けっこうこの棚を作るの大仕事
結果、日射しをさえぎってくれない上の方だけわさわさ繁った。
収穫も少なかった
まぶしい…
わたし園芸の才能がないんじゃないかな

それでも「やりたい」わたし。
3年目
やっぱり ハーブ育てよう
ハーブ栽培は10代前半でやっていたのです。
同年代(70年代前後生まれ)ならご存知の方もいるはず!「ポプリ」がでてくる少女マンガがあったのです!!
少女マンガ誌
なかよし
(たしか双子の姉妹が主人公のマンガ)
す、すてき~ 憧れるぅ~
小5くらい
全然似てない…
♡ポプリとは♡
香りのある花や葉、スパイスなどを乾燥させたものをブレンドした室内芳香剤的なもの。
ローズ
ミント
ローリエ
ラベンダー
レモングラス
(こういう植物、このマンガで学んだ)
お小遣いとおねだりの限りをつくすハマりっぷりだった。
ヨコハマ駅ビルにつれていって~
いっしょうのおねがい!
(まだ一人で電車にのったことがない)
「生活の木」というポプリのお店が入っている
も~
ヨコハマの名園芸店「サカタのタネ」
ハーブ下さい!
これかな
コリアンダー
ミント
ポプリ作ったり
白い袋 サシェ
ハーブティ
ハーブクッキー
いろいろ作った。
憧れのすてき生活
しかし中学生になり、「なかよし」も卒業…
押し入れにしまったハーブ類を整理しようとしたら虫がわいていた。
ギャーーッ
庭のハーブの世話は父まかせ
こりゃ雑草じゃ!!
抜いても抜いても生えてくるミント
って、あまり良い話じゃない?
あれ?
とにかく!!
えーと

「ずぼら」な性格なのですが、ハーブについての知識は少々ある！

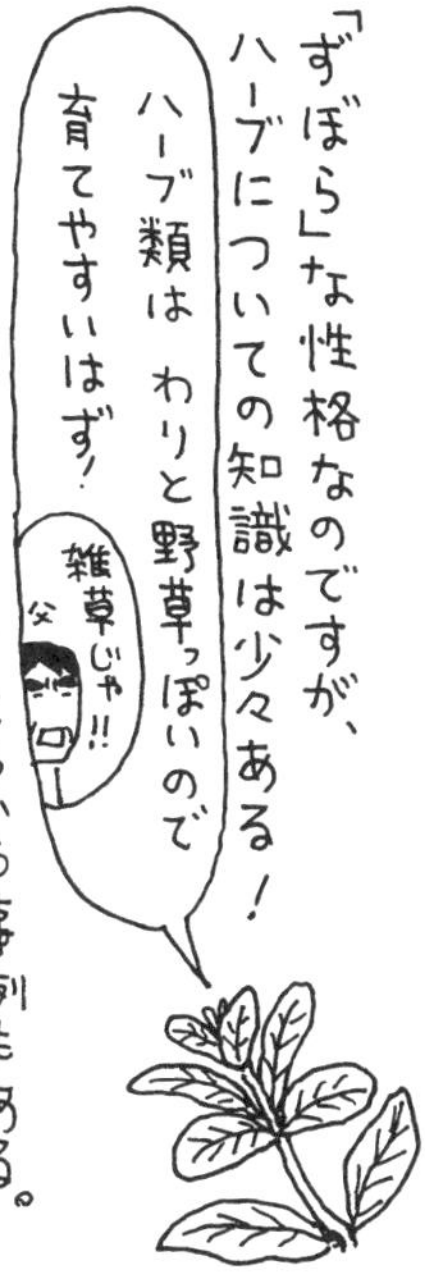
ハーブ類は わりと野草っぽいので育てやすいはず！
父
雑草じゃ!!

こういう事例もある。

実家の庭、毎年ポコポコミョウガが生えてくる。
母
植えたのは5年以上前なのよ
持って帰る?
ほったらかし

なにより食べること、料理することが好きだから、

ミョウガ甘酢漬け

自分のうちにハーブがあるというぜいたくは素晴らしい。

知人の裏庭
バジルが野生化！
好きなだけ摘んでいって、
わー

バジルペースト

スーパーでハーブのパックをいつも買うと
ビミョーな量
高いなー
と思う。

で、始めたハーブ類中心の園芸。
うまくいっているかというと、
そうもいかず、
いろんなこと
が
日々起こります。

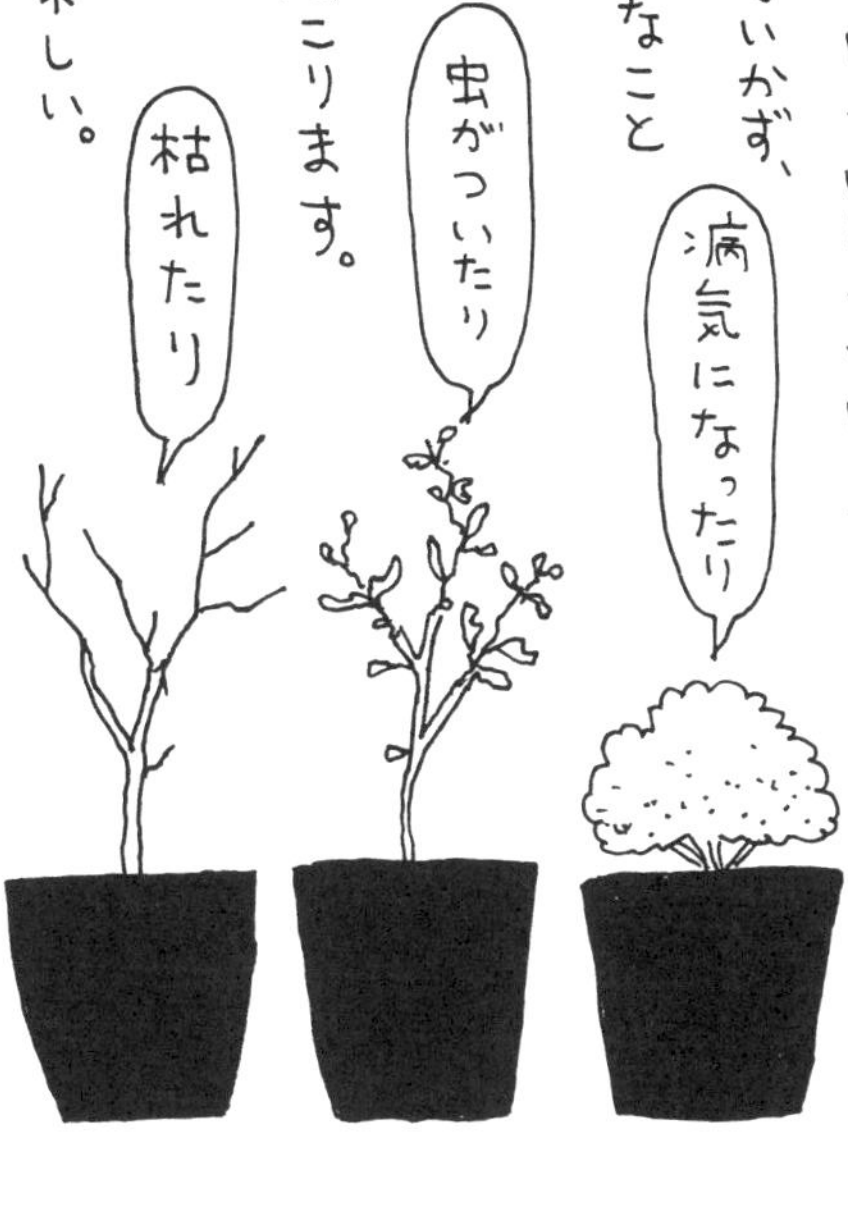
病気になったり
虫がついたり
枯れたり

でも楽しい。
ダメになったと思っても、また新葉が生えたり、
こぼれタネから芽が出たり。
そんなうれしいこともあるし。
そうやって育てて収穫。
もはやわたしの生活の
一部になっています。

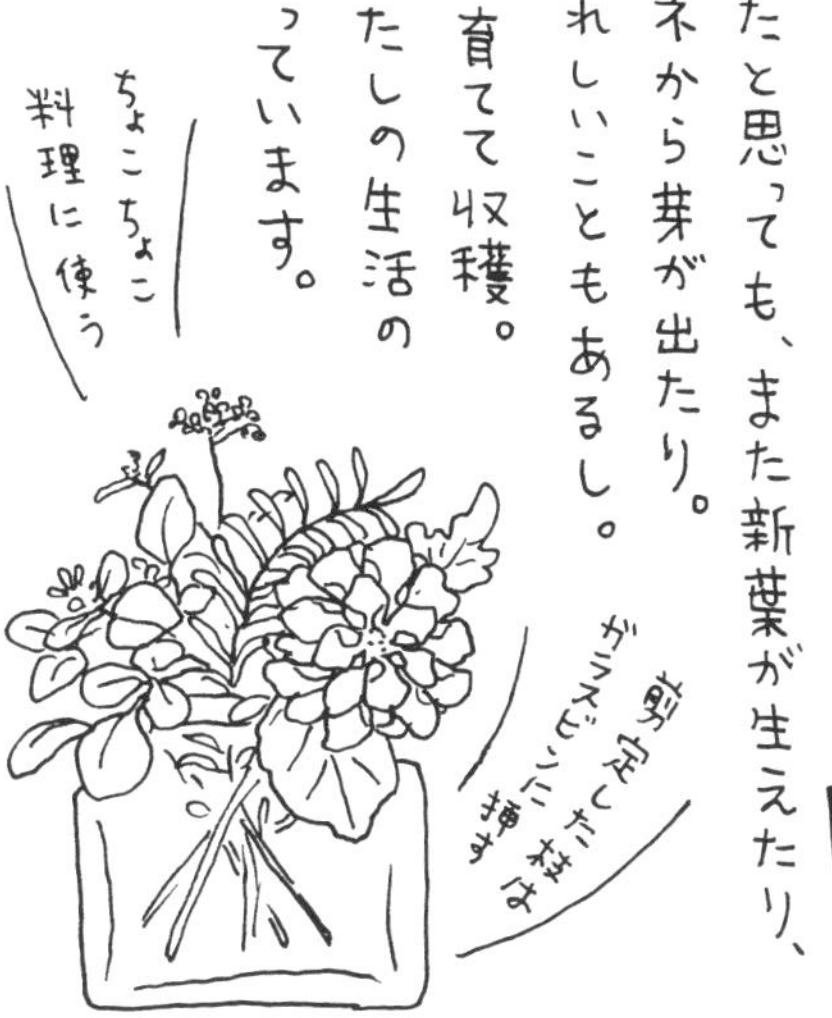
ちょこちょこ料理に使う
剪定した枝 ガラスビンに挿す

もくじ

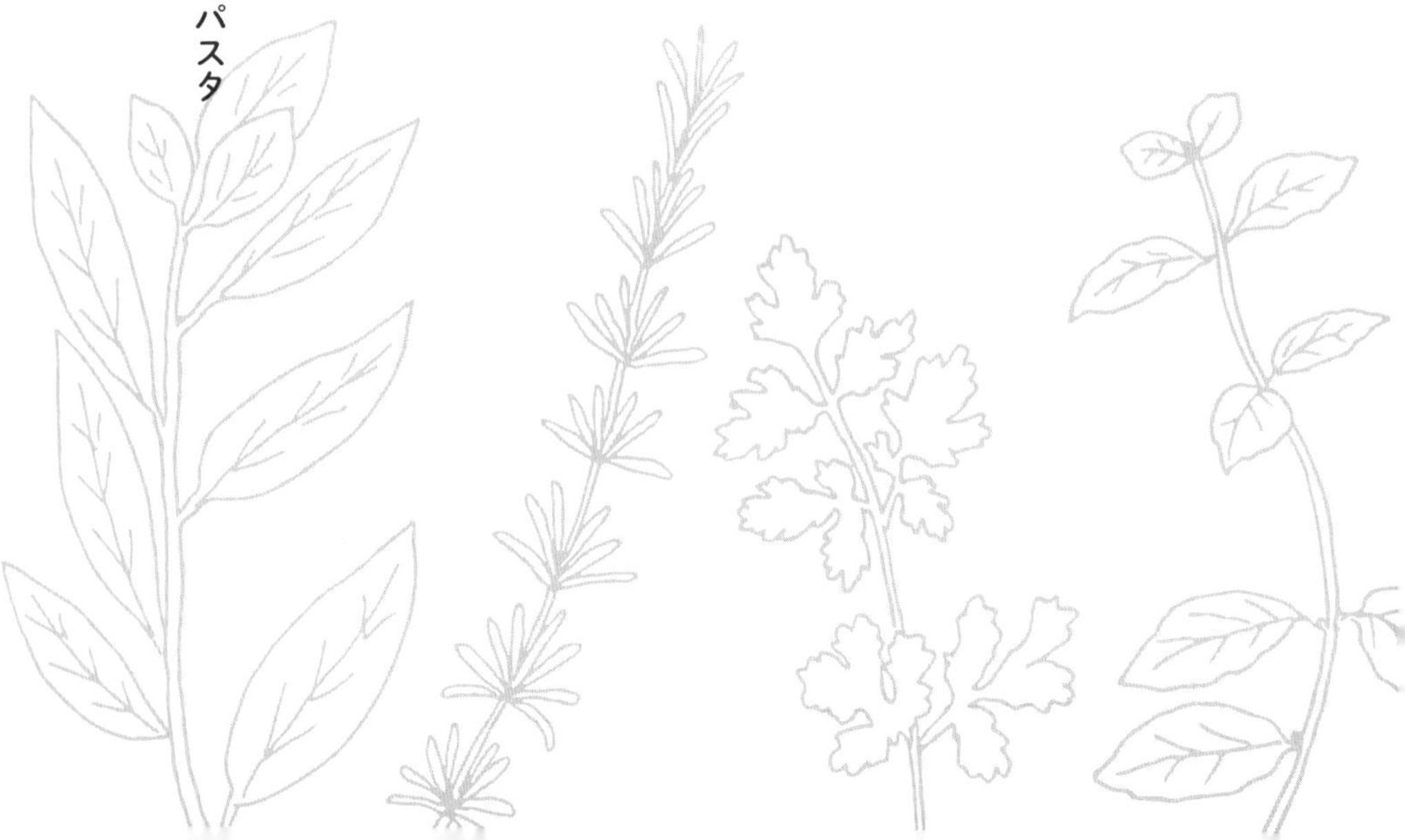

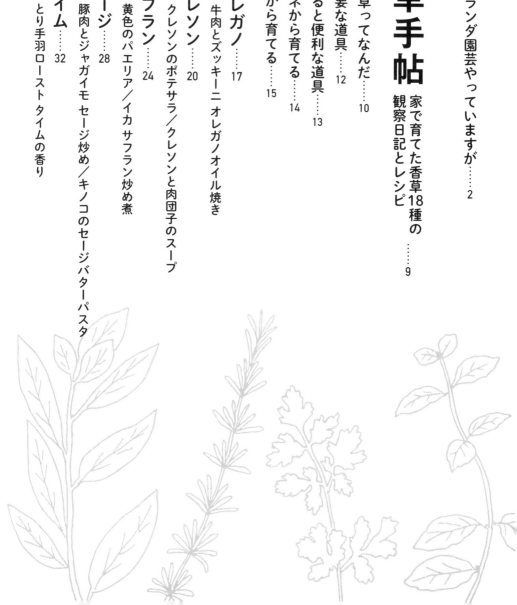

香草のこといろいろ

香草手帖

家で育てた香草18種の観察日記とレシピ

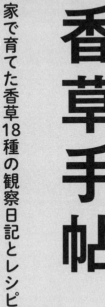

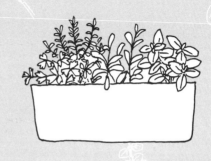

香草ってなんだ
この本をまとめるきっかけは、
酒の席で
わたし薬味好きなんです!
みょうがー オオバー ネギー
わたしも好きです〜
育ててるよ〜 チャイブにバジル シソその他〜
という雑談だった。
←編集Lさん
やくみ【薬味】
①風味を増し、食欲を刺激するために添える野菜や香辛料 ねぎ・わさび・しょうが・唐辛子など
②薬の原料。薬の種類
〈大辞林 第三版より〉
その後、我が家で飲み。
ベランダ
わーいろいろ育ててますねー
てきとうだけどねー
料理にちょいちょい使えて便利ですよ〜
和えたり炒めたりのっけたり
いいですねー
薬味? →
オオバ
小ネギ
ハーブ? ←
バジル
チャイブ
ん?

ハーブ【herb】
薬草。香草。また特に、芳香が強く、料理に用いられるローズマリー・セージ・タイム・オレガノなどの香草
〈大辞林 第三版より〉
和薬味 洋薬味？、
じゃ、まとめると
和ハーブ 洋ハーブ？、
う〜ん
食べる「香草」？
うちでは大らかにまとめて「香草」ということにする。
こうそう【香草】
よいにおいのする草
〈大辞林 第三版より〉
シンプル!!
というわけで たべよー
そしてのも
クレソンたっぷりポテサラ
イワシのローズマリー風味ソテー
オオバとチーズの春巻ー
これは？
どれもベランダ育ちの香草
調べてみると古くから人々の暮らしと共にあった香草。
聖書にもサフランとかクミンとかたくさんでてくる
万葉集の中にもニラについてのくいしんぼうの歌がある
またきてねー
香草の本作りましょうね
これがいきさつ。
家でちょっと育てて食べて―― が理想の香草生活です。
「育てる」ムズカシサについては後のページで語っていきます……

必要な道具
ベランダなどでプランター栽培を始めるとき、最低限揃えたいもの。
シャベル(移植ゴテ)
苗を植え付けたり土を掘ったりに必須!
土の中の根を切るのにも使うのでしっかり金物のシャベルがいい
ハサミ
葉を摘む時、剪定、他、しょっちゅう使う。
…ですがわたしは未だにキッチンバサミを使っています。
ジョウロ
大きい方が便利。けっこう鉢植えの土って水を吸う。
うちのは5ℓ
ベランダに水回りがあるといいよねー
培養土
はじめから肥料なども調合してある土。
そのまま使えてラクチン!
用途に合わせた専用培養土がある
花と野菜の土
鉢底ネット
鉢底穴に敷くもの。土こぼれや虫の侵入を防ぐ
コンテナ
…栽培容器の総称が「コンテナ」というらしい。
四角いのが「プランター」
丸いのは「鉢」
コンテナにもいろんな形、素材がありますね。
とにかく深さがある方が育てやすい
・素焼きは重いけど水はけがいい
・プラスチックは水はけはよくないけど色やデザインが豊富

あると便利な道具
モノを増やしたくないし、カタチから入りすぎるのはどうよ？と、無駄のないシンプルな園芸を目指していますが、やはりあると便利なモノがある…！
手袋
自分に合ったサイズでストレスなし。
ツメに土が入る
手荒れ
Sサイズ
手の平側ゴムひき
帽子
UV対策!!
首あつい…
スプレー
葉に水をかけてあげたり、薬剤入れて害虫や病気除けに使う。
土入れ
土をすくって移すための専用道具。
シャベルよりラクに作業できる！
ふるい
土の入れかえの時などに使う。
土のリサイクルができる
鉢底石
水はけを良くするために鉢底に敷く。
浅い鉢なら必要ない
土に混ぜても使える軽石をわたしは使っている。
始めると園芸店に寄ることが多くなる…
水耕栽培用ポット！
いろいろ揃えたくなる…
オーガニック肥料…
自分のライフスタイルに合わせて試していきたいです。

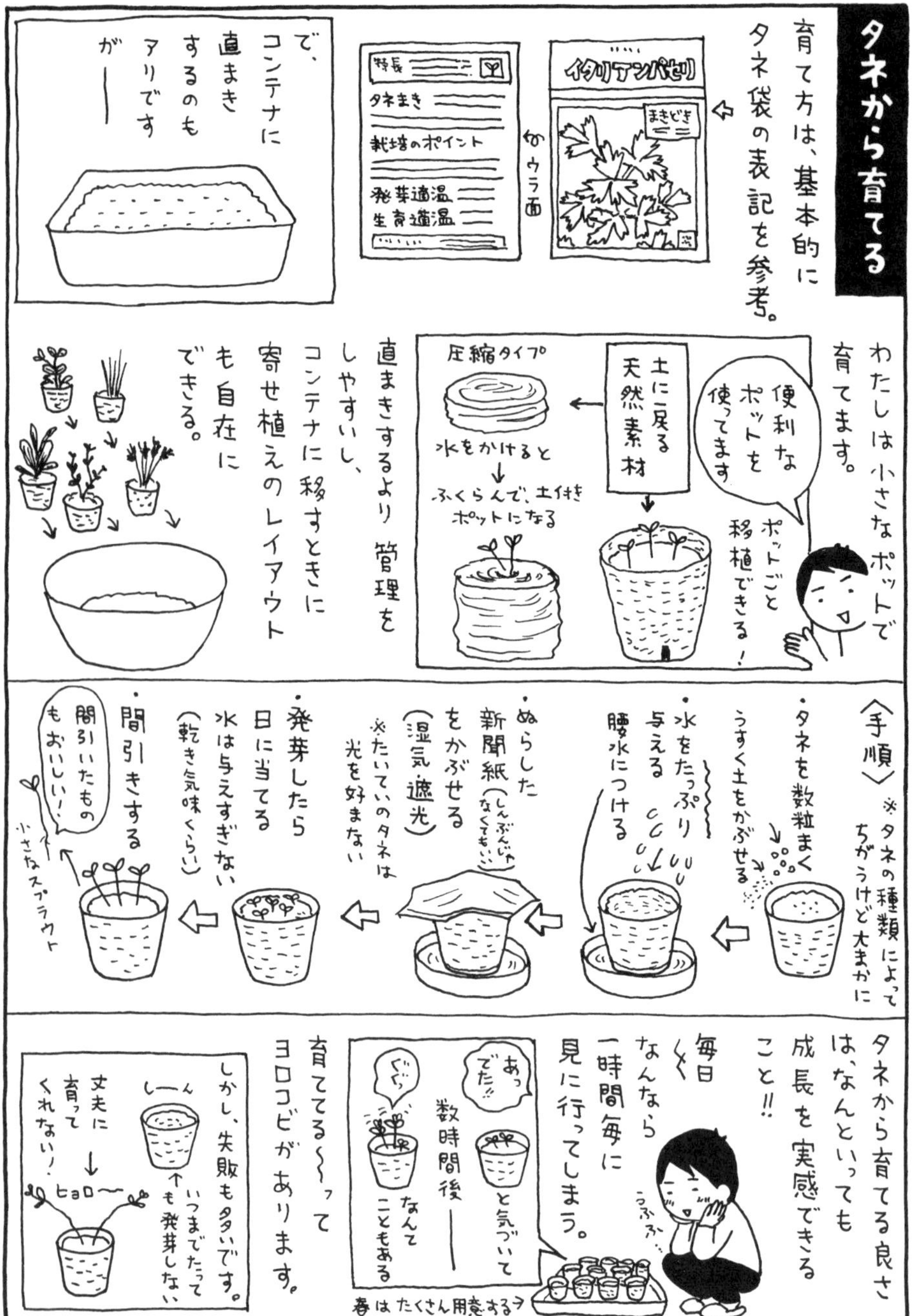
タネから育てる
育て方は、基本的にタネ袋の表記を参考。
イタリアンパセリ
まきどき
ウラ面
特長
タネまき
栽培のポイント
発芽適温
生育適温
で、コンテナに直まきするのもアリですがーー
わたしは小さなポットで育てます。
便利なポットを使ってます
ポットごと移植できる!
土に戻る天然素材
圧縮タイプ
水をかけると
ふくらんで、土付きポットになる
直まきするより管理をしやすいし、コンテナに移すときに寄せ植えのレイアウトも自在にできる。
〈手順〉
※タネの種類によってちがうけど大まかに
・タネを数粒まく
うすく土をかぶせる
・水をたっぷり与える
腰水につける
・ぬらした新聞紙をかぶせる（しんぶんじゃなくても）
（湿気・遮光）
※たいていのタネは光を好まない
・発芽したら日に当てる
水は与えすぎない（乾き気味くらい）
・間引きする
間引いたものもおいしい!
小さなスプラウト
タネから育てる良さは、なんといっても成長を実感できること!!
毎日〜 なんなら一時間毎に見に行ってしまう。
うふふ…
あっでた!!
ぐぐっ
数時間後ーー
と気づいて
なんてこともある
春はたくさん用意する
育てる〜ってヨロコビがあります。
しかし、失敗も多いです。
しーん
いつまでたっても発芽しない
丈夫に育ってくれない!
ヒョロ〜〜

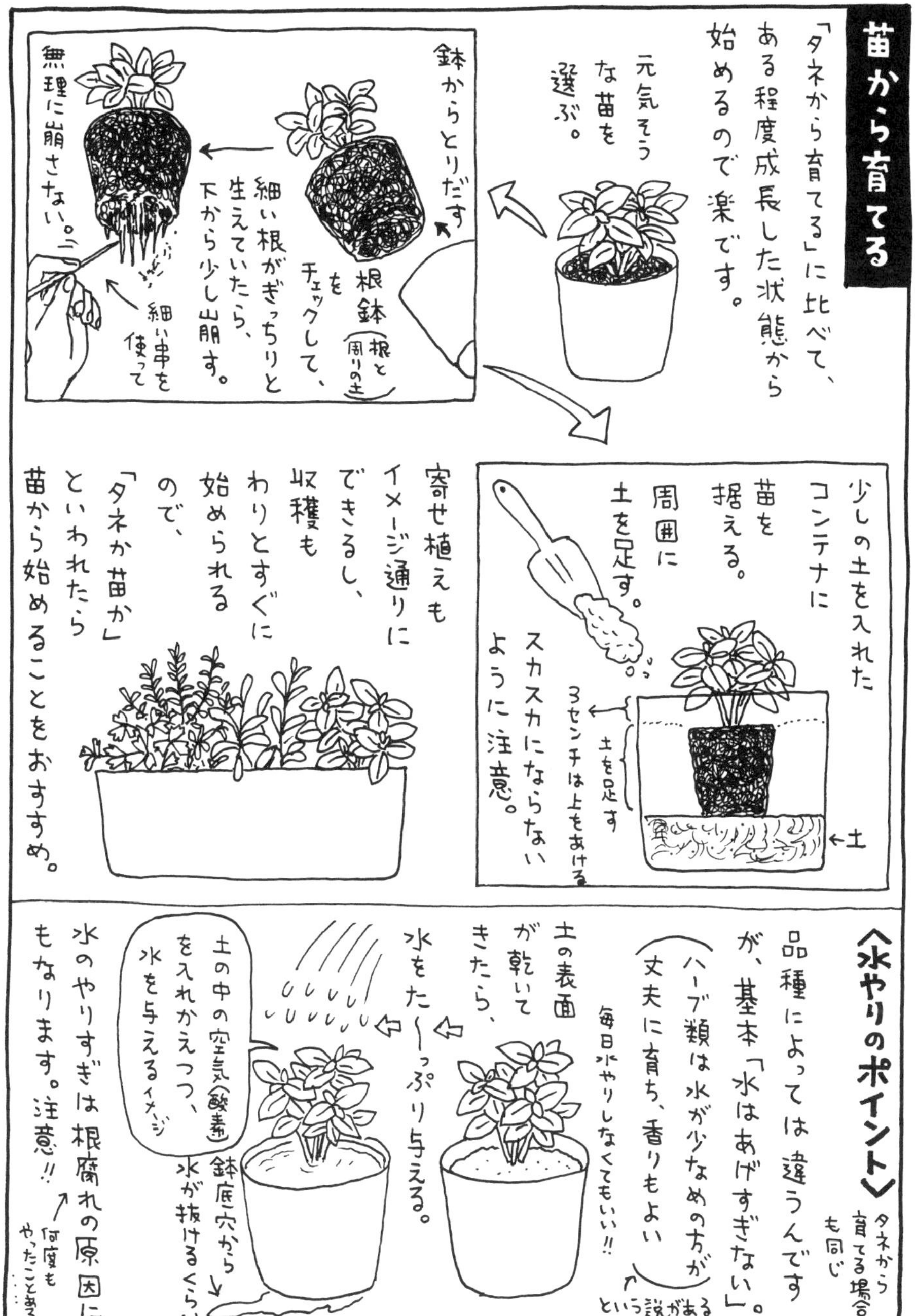

苗から育てる
「タネから育てる」に比べて、ある程度成長した状態から始めるので楽です。
元気そうな苗を選ぶ。
鉢からとりだす
根鉢（根と周りの土）をチェックして、
細い根がぎっちりと生えていたら、下から少し崩す。
細い串を使って
無理に崩さない。
少しの土を入れたコンテナに苗を据える。
周囲に土を足す。
スカスカにならないように注意。
3センチは上をあける
土を足す
土
寄せ植えもイメージ通りにできるし、収穫もわりとすぐに始められるので、「タネか苗か」といわれたら苗から始めることをおすすめ。
〈水やりのポイント〉
タネから育てる場合も同じ
品種によっては違うんですが、基本「水はあげすぎない」。
（ハーブ類は水が少なめの方が丈夫に育ち、香りもよい）
という説がある
毎日水やりしなくてもいい!!
土の表面が乾いてきたら、
水をた～っぷり与える。
鉢底穴から水が抜けるくらい
土の中の空気（酸素）を入れかえつつ、水を与えるイメージ
水のやりすぎは根腐れの原因にもなります。注意!!
何度もやったことある……

レシピの分量は、だいたい3〜4人分で作っています。

オレガノ

別名　ワイルドマジョラム
シソ科
多年草

以前、ミントと混植したら、

どちらも繁殖力旺盛なんですが、

ミントが弱まってしまうほど、ワシワシと育ちました。

今は――

なんとなくちんまり。

そしてなぜか香りが弱い。

タネのパッケージには「香りが強く風味がよいです」と書かれている

香草を育てていると、ほんとままならないことが多々ある。

オレガノは、フレッシュなものよりもドライにした方が香りが強く感じられます。
乾燥させて密封保存
今回はドライにしても
香りがうすい……
ざんねん
そういう年もあります。
香りの良いドライオレガノができたら作りたいのが、
オレガノオイル
オレガノ大さじ2
オリーブオイル大さじ6
※混ぜるだけ。作ってすぐ使えます。
育てていない方、育てるのに失敗した方↓は市販のドライオレガノで作ってみて下さい
イタリアンってオレガノでキマるのか!!
と、おどろきます。
パスタの仕上げに!
ケチャップ味が本場の香りに!!
刺身に塩をふって、オレガノオイルを回しかける
カルパッチョ
フレッシュなものも、見た目にもかわいいので料理の飾り、アクセントに使います。
花もかわいい↘

牛肉とズッキーニオレガノオイル焼き

焼肉用の肉をイタリアンな一品に——

材料

- 焼肉用牛肉200グラム ←赤身がいい
- ズッキーニ1本
- オレガノオイルてきとう
- しおてきとう
- フレッシュオレガノ少々
- パルミジャーノチーズお好みで

作り方

① 牛肉は1.5〜2センチ幅に切って
しおとオレガノオイルをまぶしておく
(30分くらいおく)

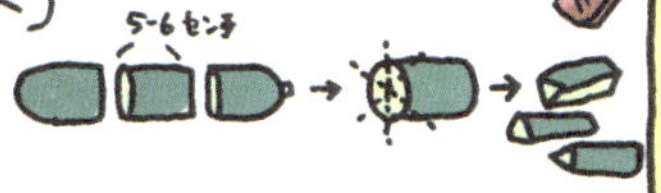
5-6センチ

② ズッキーニは5〜6センチ長さを
タテに6等分に切る

③ フライパンを火にかけ、オレガノオイルをひき
ズッキーニを焼き色をつけるように焼く

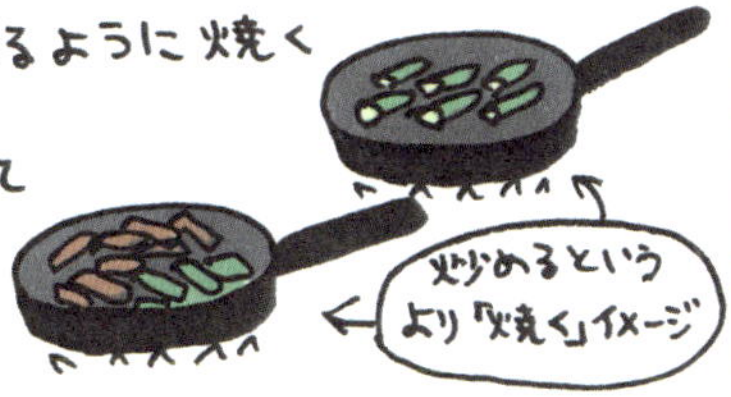
炒めるというより「焼く」イメージ

④ ズッキーニをはしによせて
牛肉を両面焼く

⑤ しおで味をつける

⑥ 皿に盛ってから
フレッシュオレガノをちらす

チーズおろし

⑦ パルミジャーノチーズを好きなだけ
ふりかける

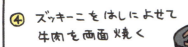

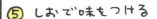

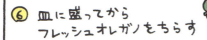

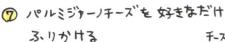

以前テレビでみた光景。

クレソンは基本的に水に漬かった状態で育てるものらしいです。

――すみません。

これ、実践していません。

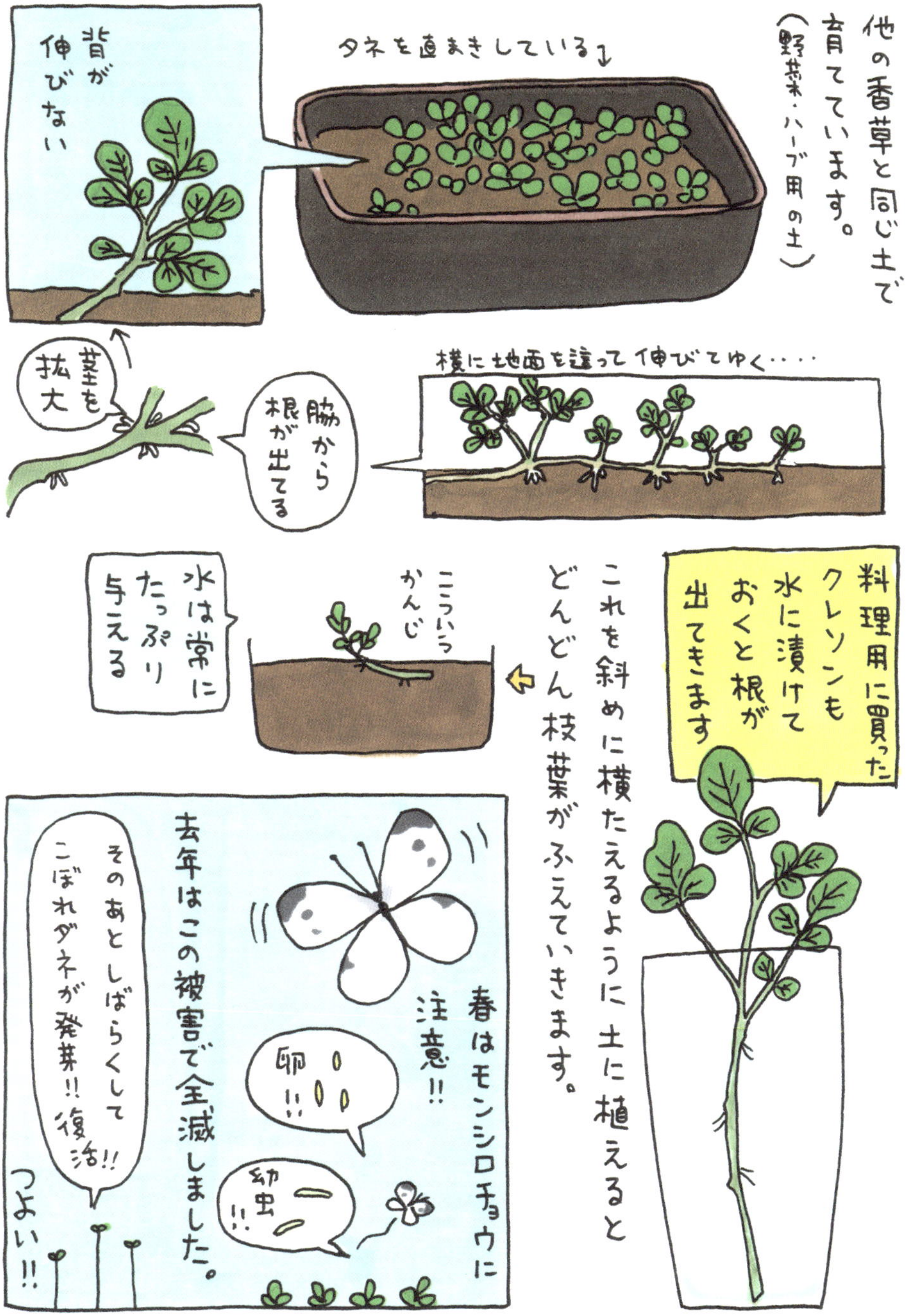
他の香草と同じ土で育てています。
(野菜・ハーブ用の土)
タネを直まきしている↓
背が伸びない
茎を拡大
脇から根が出てる
横に地面を這って伸びてゆく・・・・
料理用に買ったクレソンも水に漬けておくと根が出てきます
これを斜めに横たえるように土に植えるとどんどん枝葉がふえていきます。
こういうかんじ
水は常にたっぷり与える
春はモンシロチョウに注意!!
卵!!
幼虫!!
去年はこの被害で全滅しました。
そのあとしばらくしてこぼれダネが発芽!!復活!!
つよい!!

クレソンのポテサラ

シンプルに
クレソンだけの
ポテトサラダ

白和えみたいに葉っぱを
たっぷり
混ぜこむ

材料

・じゃがいも3コ
・すし酢大さじ1
・マヨネーズてきとう
・クレソンてきとう（たっぷり使いたい）
・オリーブオイルてきとう

作り方

① じゃがいもは皮をむいて 1/4から1/8に切る

（ゆでやすい大きさ）

② 水からゆでる

（かぶるくらいの水）

③ やわらかく煮えたら
湯を少し残してゆでこぼす

④ ヘラなどでマッシュポテトにする

（粗めでもおいしい）

⑤ 熱いうちにすし酢を混ぜる

酢

⑥ マヨネーズで味付け

（少しやわらかい？と思っても冷めると固くなる）

⑦ クレソンをザクザク切って、
冷めたポテトに混ぜ和える

⑧ 盛り付けたら
仕上げにオリーブオイルを回しかける

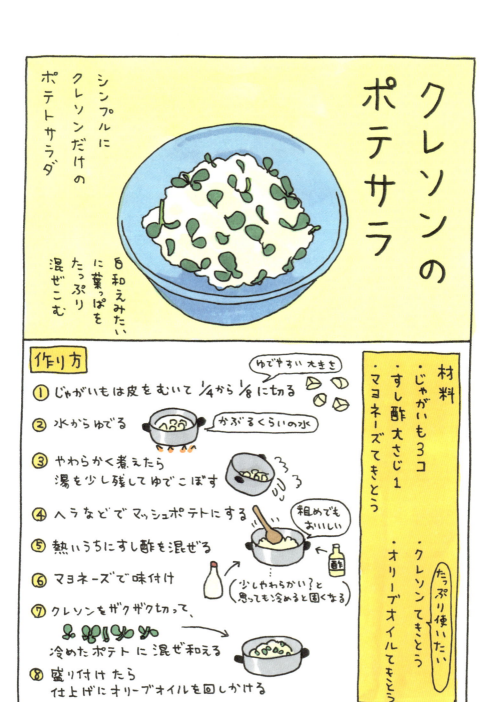

クレソンと肉団子のスープ

大鉢に盛ってみた

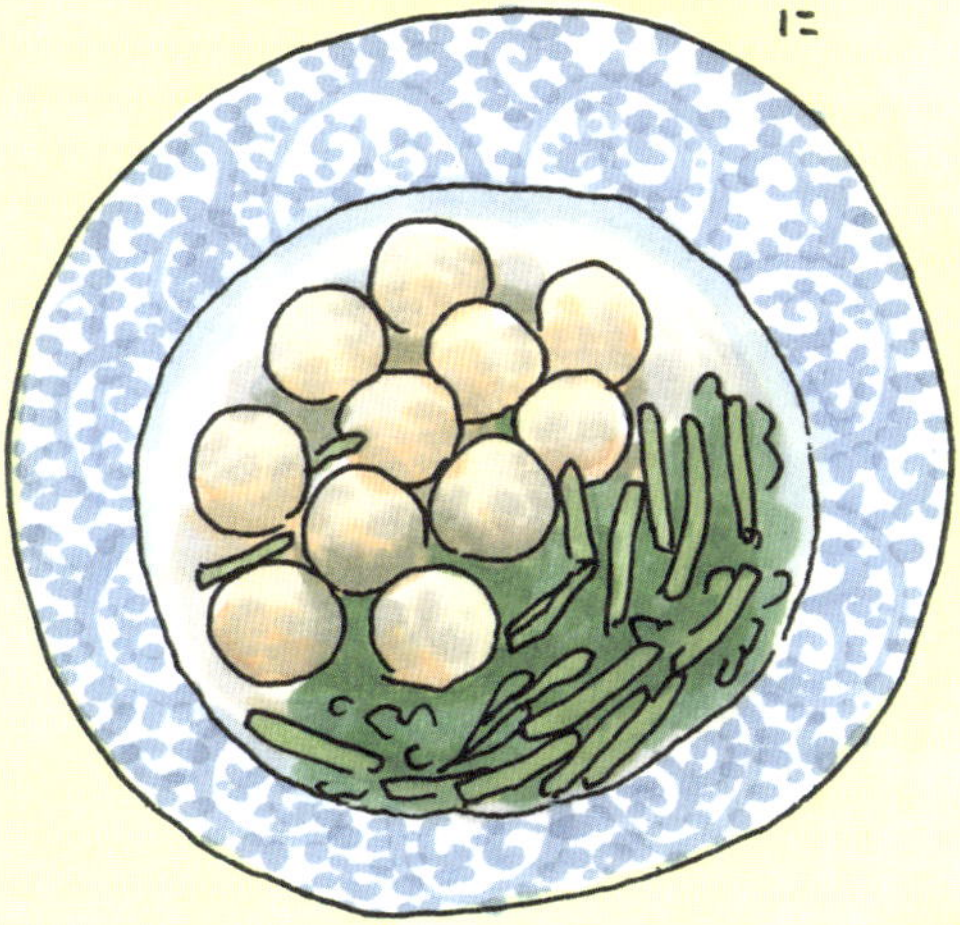

クレソンは煮込むとまた別の味わいになる

材料

- 豚ひき肉 200グラム
- 玉ねぎ1/4コ(みじんぎり)
- しょうがすりおろし少々
- 片栗粉大さじ2
- ナンプラー 小さじ1/2・酒大さじ1

(肉団子用)

- トリガラスープ顆粒小さじ2
- ナンプラー 小さじ2

(スープ用)

- クレソン2束くらい
- コショウてきとう

作り方

① 豚ひき肉、玉ねぎ、しょうが、片栗粉、ナンプラー、酒

よくこねる

② なべに湯800ccくらい沸かして顆粒スープとナンプラーを入れる

③ ①を肉団子にしてなべに入れる

大きさはお好みで。

④ クレソンをザクザクに切って投入

クレソンの色が変わるくらいクタクタになるまで煮る

⑤ コショウをふる

肉団子を作るのが手間なら、豚バラ肉とかトリぶつ切りで作ってもおいしいです

サフラン

アヤメ科
球根植物

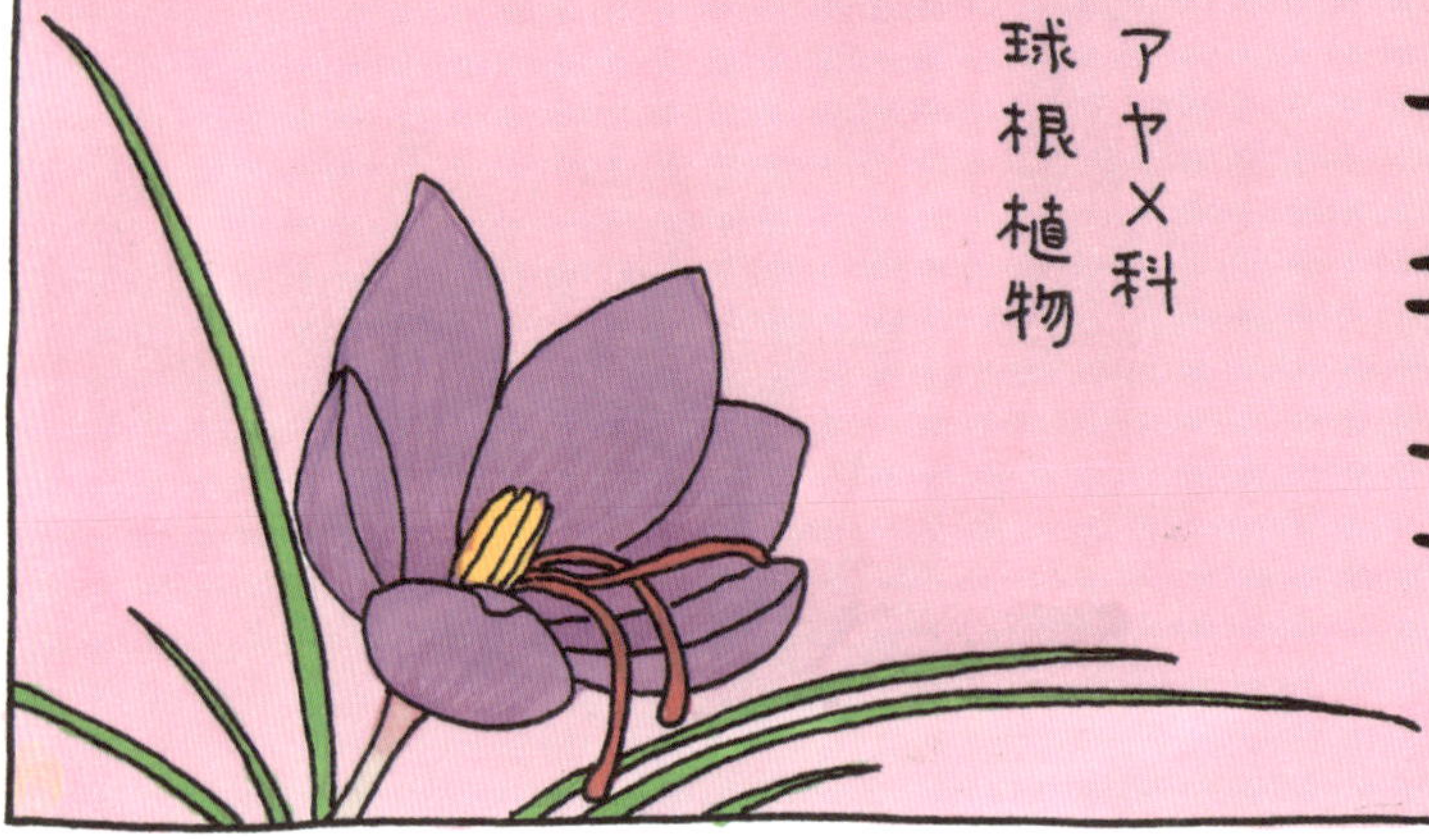

パエリア、見映えがいいので来客のときなどに、時々作ります。

サフランは欠かせない材料です

1グラムで千円くらいする高価なもの

サフラン、家で手軽に育てられます！

園芸店で球根を入手。

うちでは20コ目安で植える

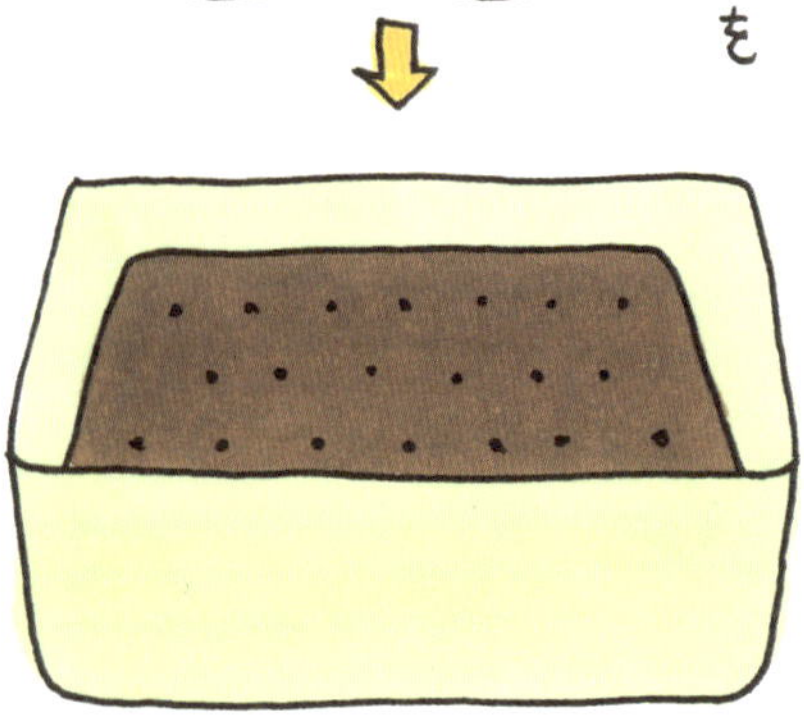

↑けっこうでかい野菜用に昔購入したプランター。

植えつけ時期は9月です。

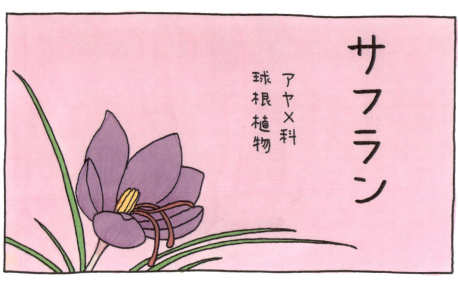

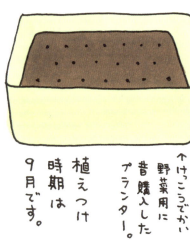

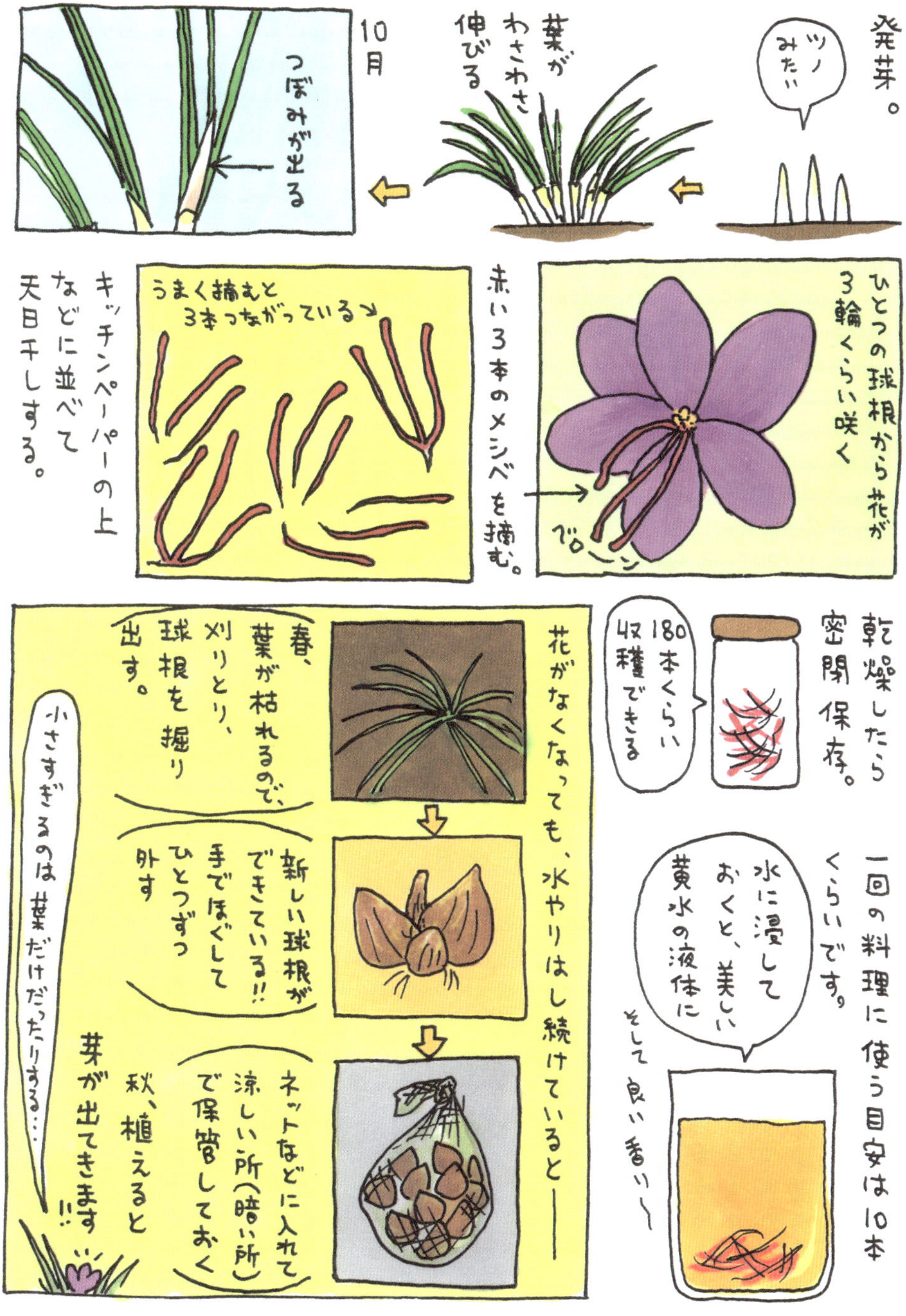
発芽。
ツノみたい
葉がわさわさ伸びる
10月
つぼみが出る
ひとつの球根から3輪くらい花が咲く
ペローン
赤い3本のメシベを摘む。
うまく摘むと3本つながっている→
キッチンペーパーの上などに並べて天日干しする。
乾燥したら密閉保存。
180本くらい収穫できる
一回の料理に使う目安は10本くらいです。
水に浸しておくと、美しい黄水の液体に
そして良い香り〜
花がなくなっても、水やりはし続けていると——
春、葉が枯れるので、刈りとり、球根を掘り出す。
新しい球根ができている!! 手でほぐしてひとつずつ外す
ネットなどに入れて涼しい所(暗い所)で保管しておく
秋、植えると芽が出てきます!!
小さすぎるのは葉だけだったりする…

黄色のパエリア

シンプルに
サフランの香りを楽しむ
パエリア

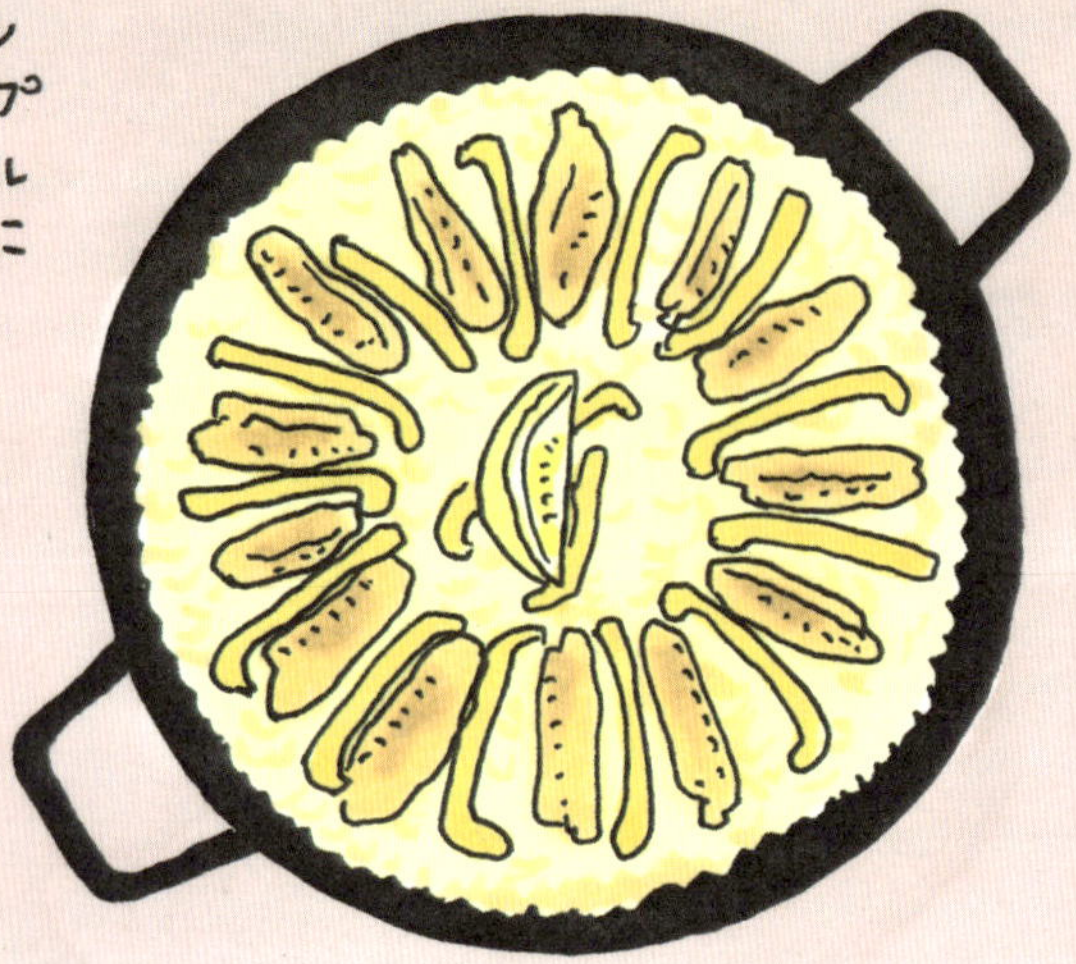

作り方

① サフランを白ワインに漬けておく
（1時間くらい）

② パエリア鍋（なければフライパン）を火にかけ、
オリーブオイルをひき、とり手羽中を焼く
（両面いい焼き色をつける）

③ 手羽中をとりだし、にんにくを入れ、
玉ねぎも加えて炒める

④ 玉ねぎに充分火が入ったら米（洗わないで使う）
を入れて手早く炒める

⑤ ①のサフランワインとトリガラスープを一気に
入れて、米の表面を均等にならす（※スープはあらかじめ飲んで丁度よい、よりちょっとこいめに味を調整しておく）

⑥ 手羽中、パプリカを並べる
沸騰しはじめたら中弱火にして
アルミ箔でふたをして12分。
火をとめて3分おく。

⑦ 仕上げにレモンをのせてサーブする

材料
- サフラン10~12本
- 白ワイン50cc
- 米2合
- にんにく1片みじんぎり
- 玉ねぎ1/4コ みじんぎり
- 手羽中250グラム
- 黄色パプリカ1コ（1センチ幅に切る）
- とりガラスープ450cc（顆粒でもよい）
- オリーブオイル
- レモン1切れ

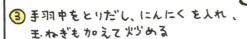

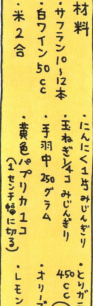

イカ サフラン 炒め煮

イカワタ煮、サフランを使うと一気に洋風〜
ワインに合う一品に

材料

・イカ1ぱい
・にんにく1片 みじんぎり
・プチトマト8〜10コくらい
・サフラン10〜12本
・白ワイン50cc
・オリーブオイル てきとう
・しおコショウ てきとう

作り方

① サフランを白ワインに漬けておく(1時間くらい)

② イカは1〜1.5cmの輪切りにする→
肝をとっておく→

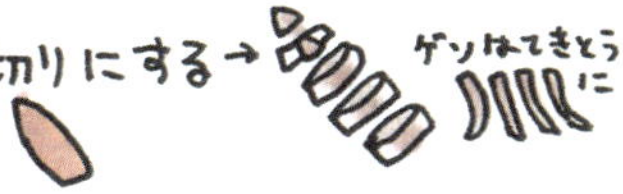

③ フライパンを火にかけ、オリーブオイルをひき、にんにくを入れる

④ にんにくの香りが立ったらプチトマトを加えてやさしく炒める

⑤ プチトマトの皮がやぶけてきたらイカを加えてざっと炒める

⑥ すぐにイカワタとサフラン白ワインを入れて、ワタをつぶしながら強火で水分をとばすように炒め煮

⑦ しおコショウで味を整える

イカは火が通りすぎるとかたくなるので手早く!

盛りつけて、あればイタリアンパセリを飾る

セージ

別名 コモンセージ
シソ科
小低木

うちのセージは去年、ヨトウガの幼虫にやられてハゲちょろけ〜〜。

(夜にでてくる。昼間は土の中にいるので駆除しにくい)

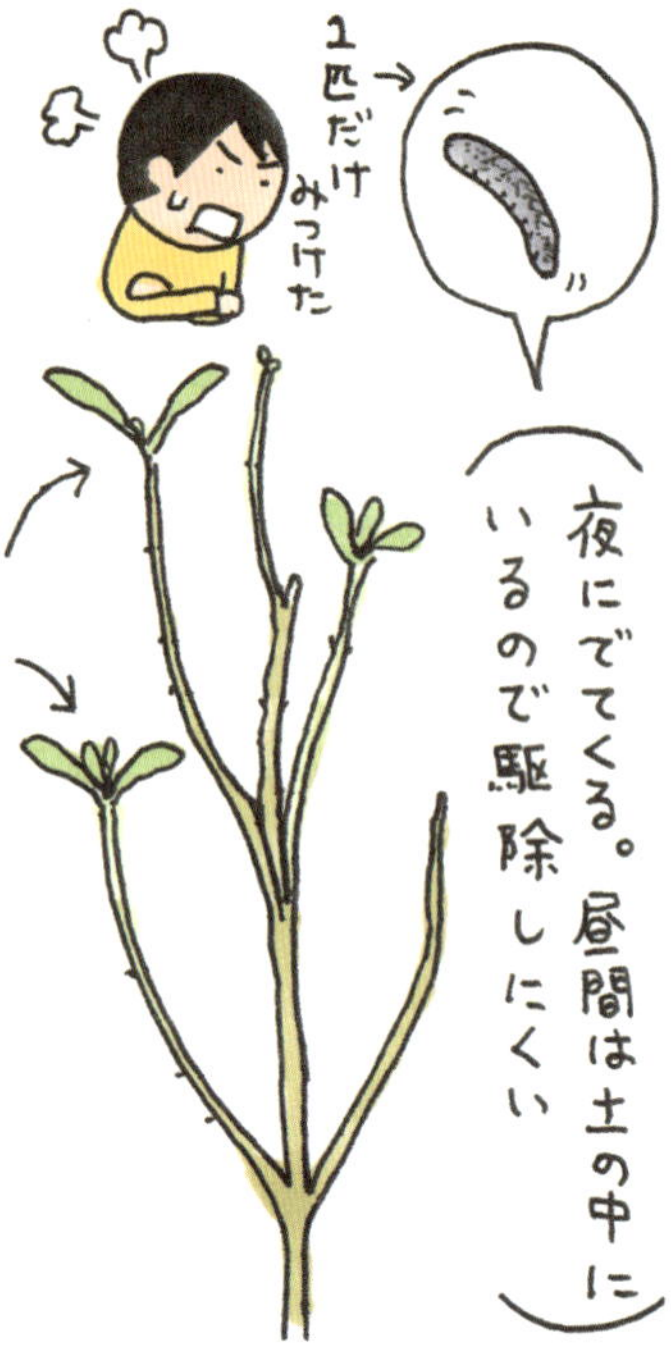

—からの復活。枯木の先に葉がついているかんじ。がんばって育ってほしい。

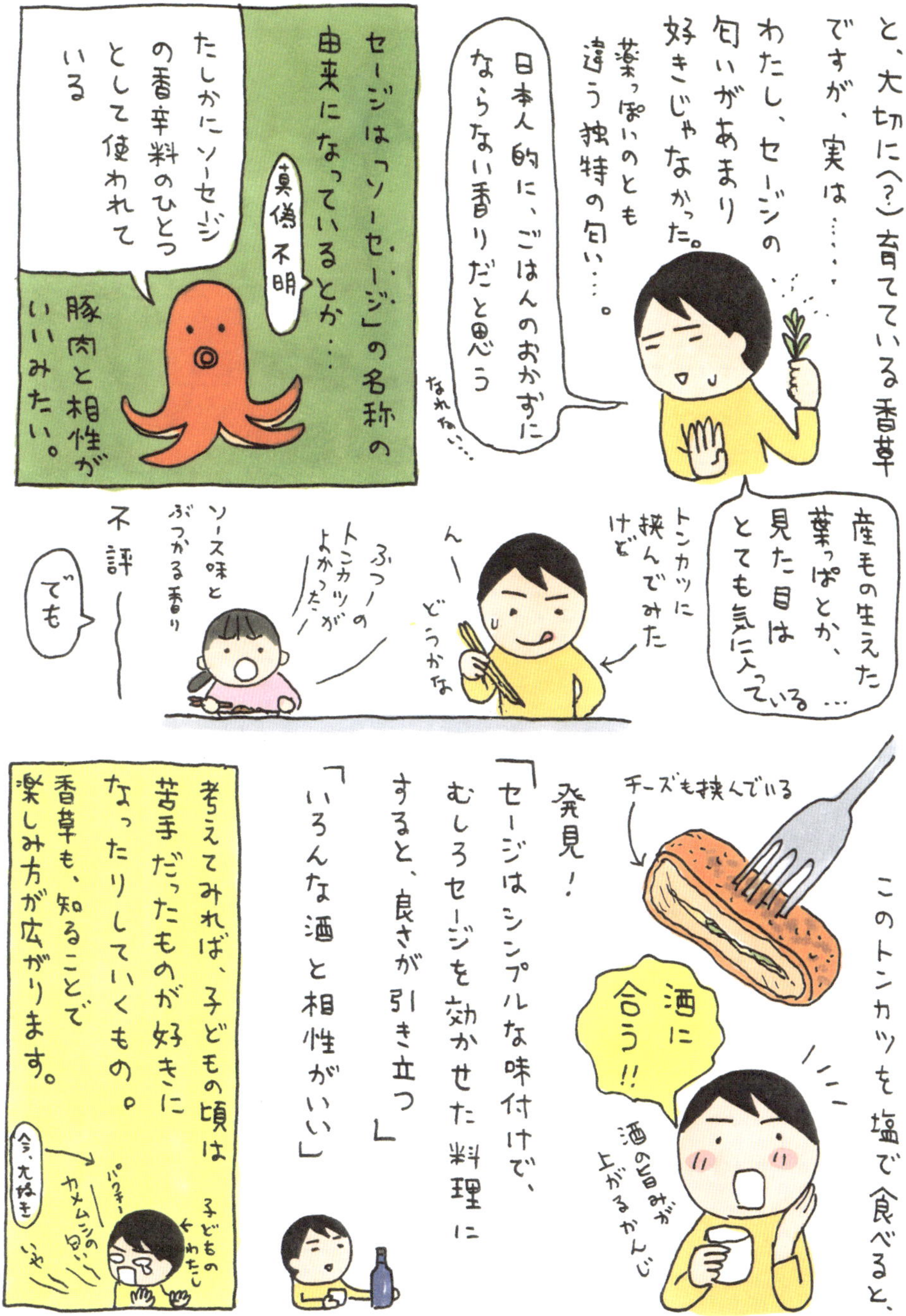
と、大切に(?)育てている香草
ですが、実は……
わたし、セージの
匂いがあまり
好きじゃなかった。
薬っぽいのとも
違う独特の匂い…。
日本人的に、ごはんのおかずにならない香りだと思う
なれない…
セージは「ソーセージ」の名称の
由来になっているとか…
真偽不明
たしかにソーセージの香辛料のひとつとして使われている
豚肉と相性がいいみたい。
産毛の生えた葉っぱとか、見た目はとても気に入っている…
トンカツに挟んでみたけど
ん— どうかな
ふつーのトンカツがよかった…
ソース味とぶつかる香り
不評〜〜
でも
このトンカツを塩で食べると、
チーズも挟んでいる
酒に合う!!
酒の旨みが上がるかんじ
発見!
「セージはシンプルな味付けで、
むしろセージを効かせた料理に
すると、良さが引き立つ」
「いろんな酒と相性がいい」
考えてみれば、子どもの頃は
苦手だったものが好きに
なったりしていくもの。
香草も、知ることで
楽しみ方が広がります。
子どものわたし
パクチー
カメムシの匂い
いや〜
今、大好き

豚肉とジャガイモセージ炒め

すごくシンプルなのにセージが入って厚みのある味わい

わたしの晩酌はたいてい日本酒

作り方

① 豚肉は両面にしおをふり、30分くらいおく

② 豚肉を1.5センチ幅くらいに切る

③ ジャガイモは皮をむいて

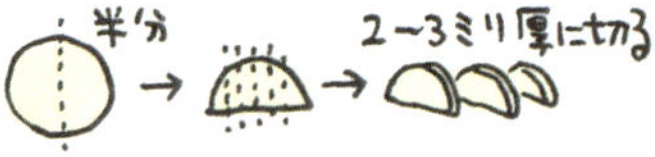
半分
2〜3ミリ厚に切る

④ セージは粗く刻む

⑤ フライパンを加熱して オリーブオイルをひく

⑥ 豚肉の表面に火を通す

⑦ ジャガイモを加えて炒める

⑧ セージを加える
しおで調味する

多めがおいしい

材料

- 豚肉ソテー用2枚
- ジャガイモ1コ
- セージてきとう
- しおてきとう
- オリーブオイルてきとう

ビールとか白ワインにも合うと思います

キノコのセージバターパスタ

バターとも合うセージ

仕上げにバターをのせるとさらにうまい…

カロリーが気になる〜

材料

- キノコ 好みで2〜3種類 300グラム ← 今回はしいたけ しめじ
- セージてきとう
- 油大さじ2・バター15グラム
- パスタ食べるだけ
- にんにく1片みじんぎり
- しおコショウ

作り方

① セージは粗く刻む

② フライパンを火にかけ、油とバターを入れ
にんにくを加え、香りが立ったら
キノコとセージを投入
キノコがしんなりするまで炒める

③ しおコショウをする（パスタにからめるのでつよめの味つけ）

④ パスタはパッケージに記載されている
時間通りにゆでる

⑤ パスタと③を和える

キノコはパスタなら4人前くらい
あるので、余ったら冷蔵保存して

色々使ってみると
面白いです

タイム

別名　タチジャコウソウ
シソ科
常緑低木

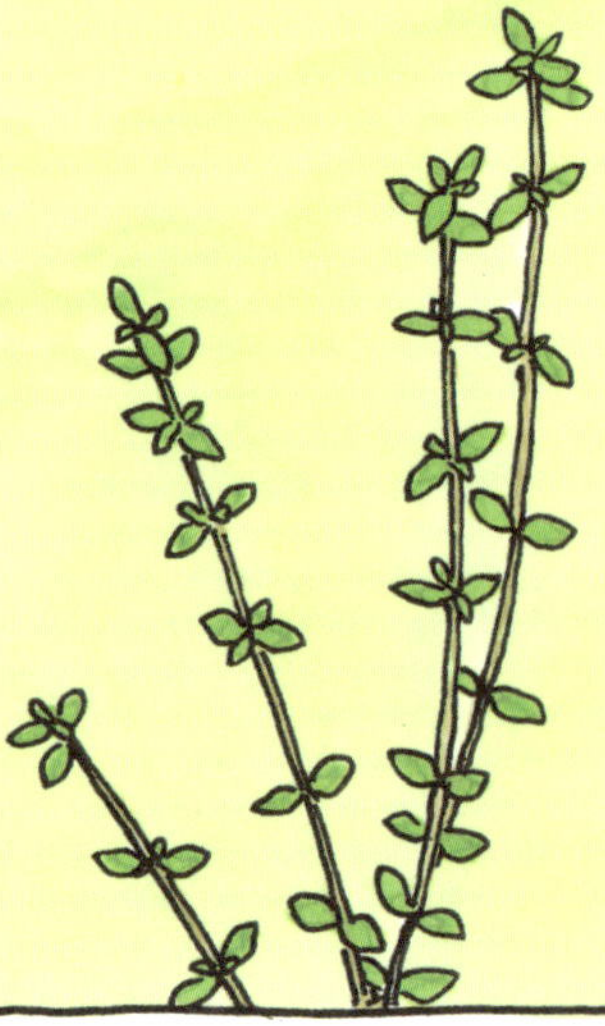

小さな葉をつけたヒョロヒョロの枝がわさわさと育つタイム。

わさ
わさ

おしげなく刈って使える。

SIMON &
GARFUNKEL

↱中学生の頃好きだったサイモン&ガーファンクル

─の曲の一つ、「スカボローフェア」の歌詞の中で呪文のようにくりかえされるのが
〽パセリ、セージ、ローズマリーとタイム♪

なんだかわからないけど美しい響き…

最近気づいたのだけど、

エルブドプロバンスの配合じゃない?!

煮込み料理などに使うミックスハーブ。

パセリ、セージ、ローズマリー、タイム、オレガノのドライハーブを砕いて混ぜたもの
歌詞にオレガノは入ってないけど…

……調べてみたら、元々イングランド民謡だった歌で「パセリ〜」は魔除けの言葉らしい。

なるほど
なんでもケータイでしらべる…

でも香草を複数合わせて使うと、料理にも効果的です!

特にタイムは単体で使うより他の香草と合わせた時に良さが出ると思う。

ローリエと合わせる

煮込みに

ローズマリーと合わせる

ローストに

香りに深みが出ます。

名脇役!

もちろんタイムだけを料理に使うのもいい。

グリルやロースト
上にたくさん散らすといい香り…

一つの香りを楽しむ、合わせて新しい香りを見つける、それも香草の面白みだと思います。

煮込み用に好みの香草を束ねて作るブーケガルニ

とり手羽ローストタイムの香り

豪華にみえて
手間がかからないので
来客時によく作ります

ロースト野菜
がこれまた
おいしい

作り方

① 手羽先は表裏に切り込みを入れて しおをまぶして 1時間くらい室温でおく

② じゃがいも、にんじんは皮つきのまま食べやすいサイズに切る

にんにくは房をほぐす

←皮つきのまま

③ オーブンを280度に温めておく

グリル用トレイ
も温めておく

④ 手羽先、野菜類にオリーブオイルをよくまぶす
野菜にはしおをふりかけておく

⑤ グリル用トレイに手羽先を並べてタイムをちらす
180度に設定しなおしたオーブンに入れる

（高温の予熱で表面をパリッとさせてからじっくり焼くイメージ）

10分たったら
↓

⑥ 手羽先のすきまに野菜を並べてさらに20分焼く

（野菜がこげるので後入れ）

火が通っていたらできあがり

材料
- とり手羽先8本
- にんじん1本
- じゃがいも2コ
- にんにく丸ごと1コ
- オリーブオイル
- しお
- タイムてきとう

チャイブ

別名　シブレット
ユリ科
多年草

2年目の夏に
ポンポンのような
かわいいピンクの花が
咲きます。

花が咲くと葉はかたく
なってお仕舞い・・・。

でも花も
エディブルフラワー
として食用
できる

チャイブは ネギの仲間。
使い方はアサツキや小ネギと
同じ。

あったら
便利な
香草。

摘みとるときは
根元の2～3センチ
上で切る。

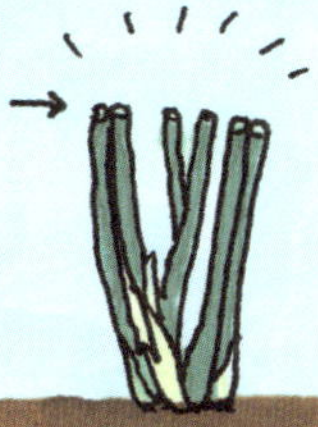

切ってもまた
伸びてきます。

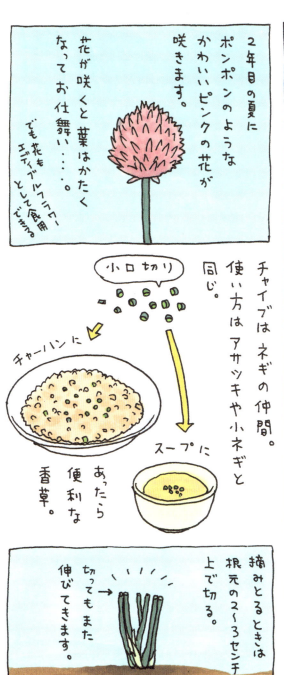

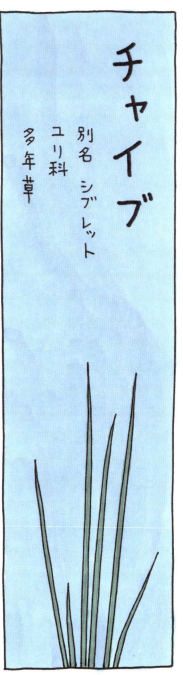

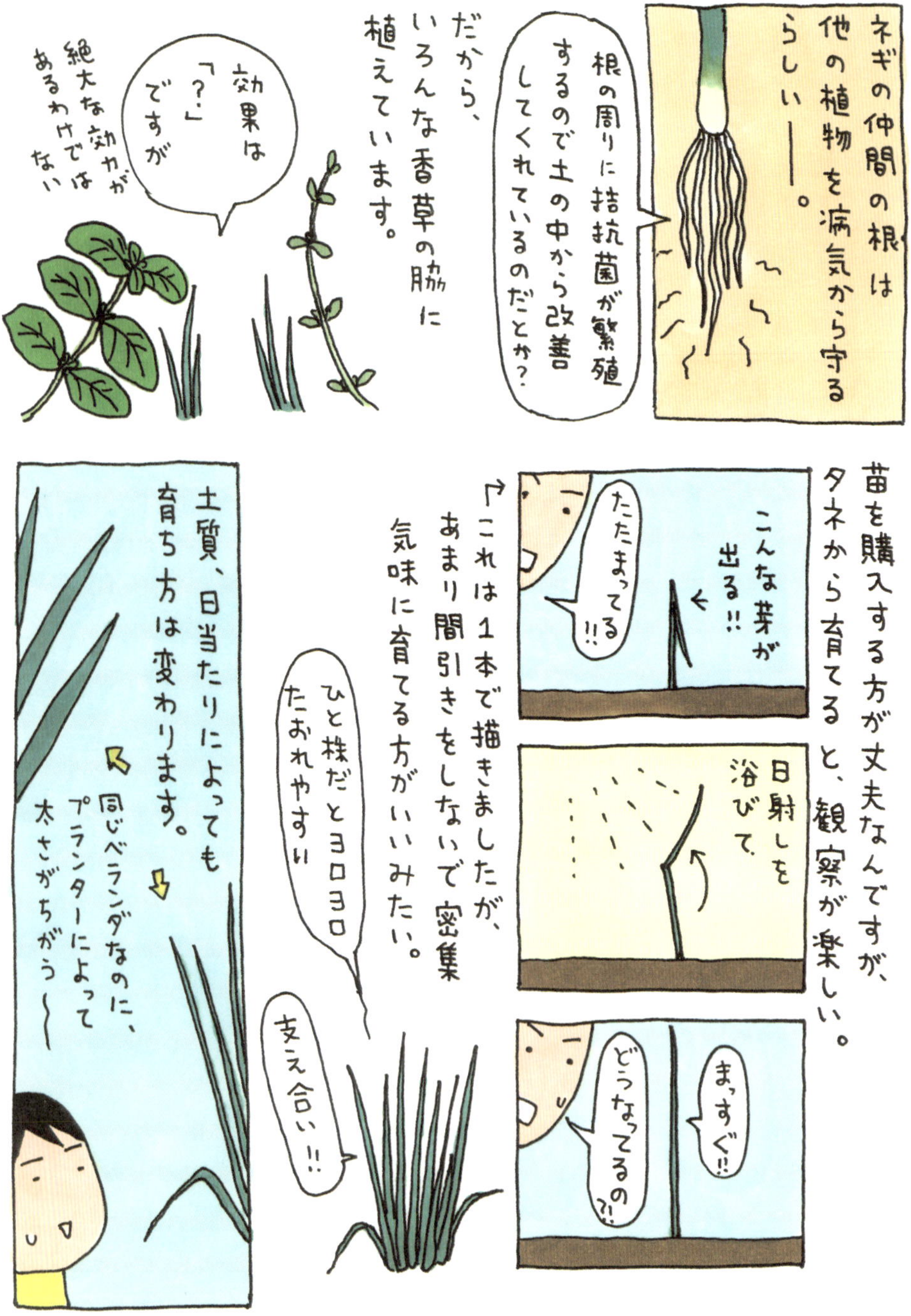
ネギの仲間の根は他の植物を病気から守るらしい——。

根の周りに拮抗菌が繁殖するので土の中から改善してくれているのだとか？

だから、いろんな香草の脇に植えています。

効果は「？」ですが
絶大な効力があるわけではない
苗を購入する方が丈夫なんですが、タネから育てると、観察が楽しい。

こんな芽が出る!!

たたまってる!!

日射しを浴びて、
まっすぐ!!

どうなってるの?!

これは１本で描きましたが、あまり間引きをしないで密集気味に育てる方がいいみたい。

ひと株だとヨロヨロたおれやすい
支え合い!!

土質、日当たりによっても育ち方は変わります。

同じベランダなのに、プランターによって太さがちがう〜

ちなみに
小ネギ
も育てています
見た目も
用途も
チャイブと
ほぼ同じ
チーム「洋」
チーム「和」
バジル
チャイブ
小ネギ
シソ
イメージで
分けて
混植して
いる
よく食べる
長ネギ
はサイズ的にプランター
じゃムリだな〜と
栽培はやっていませんが、
あまっている
プランターに
買った長ネギを
半埋めにしておく
長保ちします!
実家では昔から
ネギは庭のすみに
埋めて保存して
あった…
ネギとってきてー
母
ハーイ

ディル
別名 ヒメウイキョウ
セリ科
一年草
ディルはけっこうかんたんに育てられる。
日当たりのよいところでぐんぐん伸びる
繊細な糸のような葉 →
甘い独特な香り
ところどころ束になった葉 →
かわいい黄色の花 ↓
花が咲くとおしまい――の一年草です。
花もいい匂い
タネも良い香り。料理にも使えるようですがまだ試していません。
かなり背が高くなります。 ↓
外出帰りにベランダで黄色い花がゆれていてなんとなくうれしい。

わたしは春と秋の二毛作をやっています。
冬は収穫できませんが、
早春から柔かい葉を
いただけます。

冬は葉が赤っぽくなってしまう
↓

つまり二毛作したいくらいよく使う
香草です。

ディルって何に使う?
料理に!
え?、大活躍だよ!

とにかく魚介に合います!
刺身に添えてもおいしい!!
↗この場合、しょうゆじゃなくてカルパッチョ仕立てで

塩サバだって洒落た一品になります!!

↑ふっくらに焼いた塩サバ(食べやすいサイズにカットして)
マッシュポテトにディルを添えて
(ジャガイモにもディルは合う!)
いろいろ試すと面白い組合わせが生まれる!!

フェンネル

ディルと同じウイキョウの仲間
←香りも似ている

←つけ根部分が大きい!!
…ので植えるのをちゅうちょしていますが

場所とりそう、

↗この部分、サラダにするとおいしい!!

ディルと刺身のサラダ

スーパーで刺身切りおとしパック(お得)をみつけると作ります

いろんなお刺身が入っていて豪華な気分

作り方

① 玉ねぎ、しょうが、にんにくはすりおろす

② しおと酢を加えてよくまぜる
コショウをふってドレッシングできあがり

③ 刺し身と②を和える

刺し身
← 大きかったら一口大に切る

④ 大根と刻んだディルを加えて和える

ディルは葉のみ使う

⑤ 仕上げにオリーブオイルを回しかける

OLIVE

材料

・刺身
・大根せんぎり ← 刺身についているツマを使ってもいい
・ディル
・オリーブオイル

ドレッシング

・玉ねぎ1/2コ
・しょうが1片
・にんにく1片
・酢50cc
・しお小さじ1/2
・コショウ

↗ 余ったら冷蔵保存

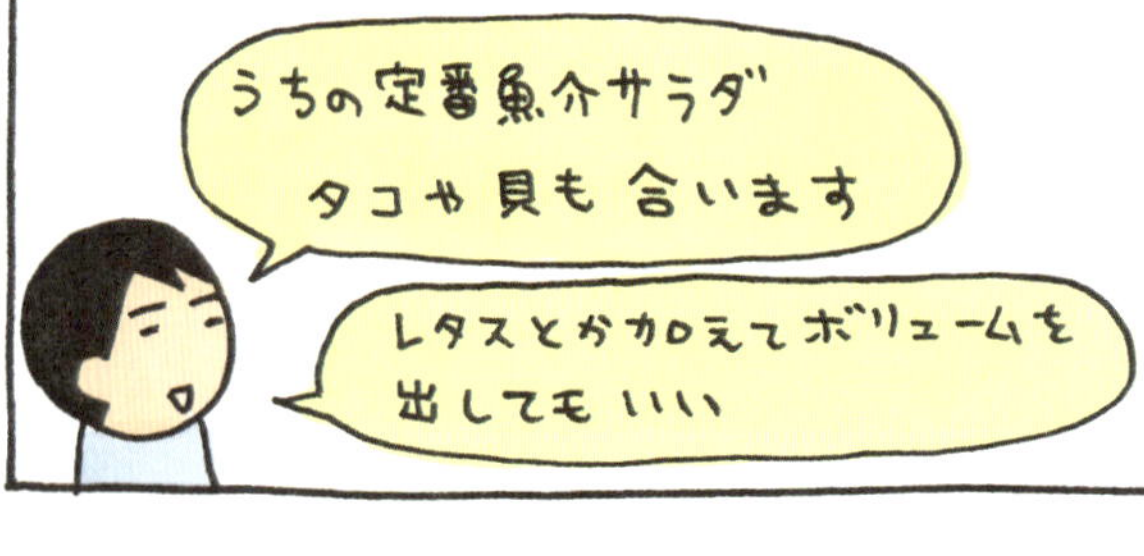
うちの定番魚介サラダ
タコや貝も合います
レタスとか加えてボリュームを出してもいい

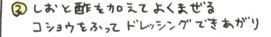

エビとカブ炒め ディル風味

カブとエビの
淡い色味に
ディルの緑がきれい

材料

・むきエビ 150グラム
・カブ 2コ
・にんにく 1片(みじんぎり)
・ナンプラー てきとう
・ディル 好きなだけ
・レモン 1くし切り
・油 てきとう

作り方

① エビは背を開いてワタをとる

背
背ワタ

② カブは食べやすいサイズにくし切りにする

③ フライパンを火にかけ、油をひき
にんにくを入れる

④ カブを入れる

⑤ エビを入れる

⑥ ナンプラーで味付け

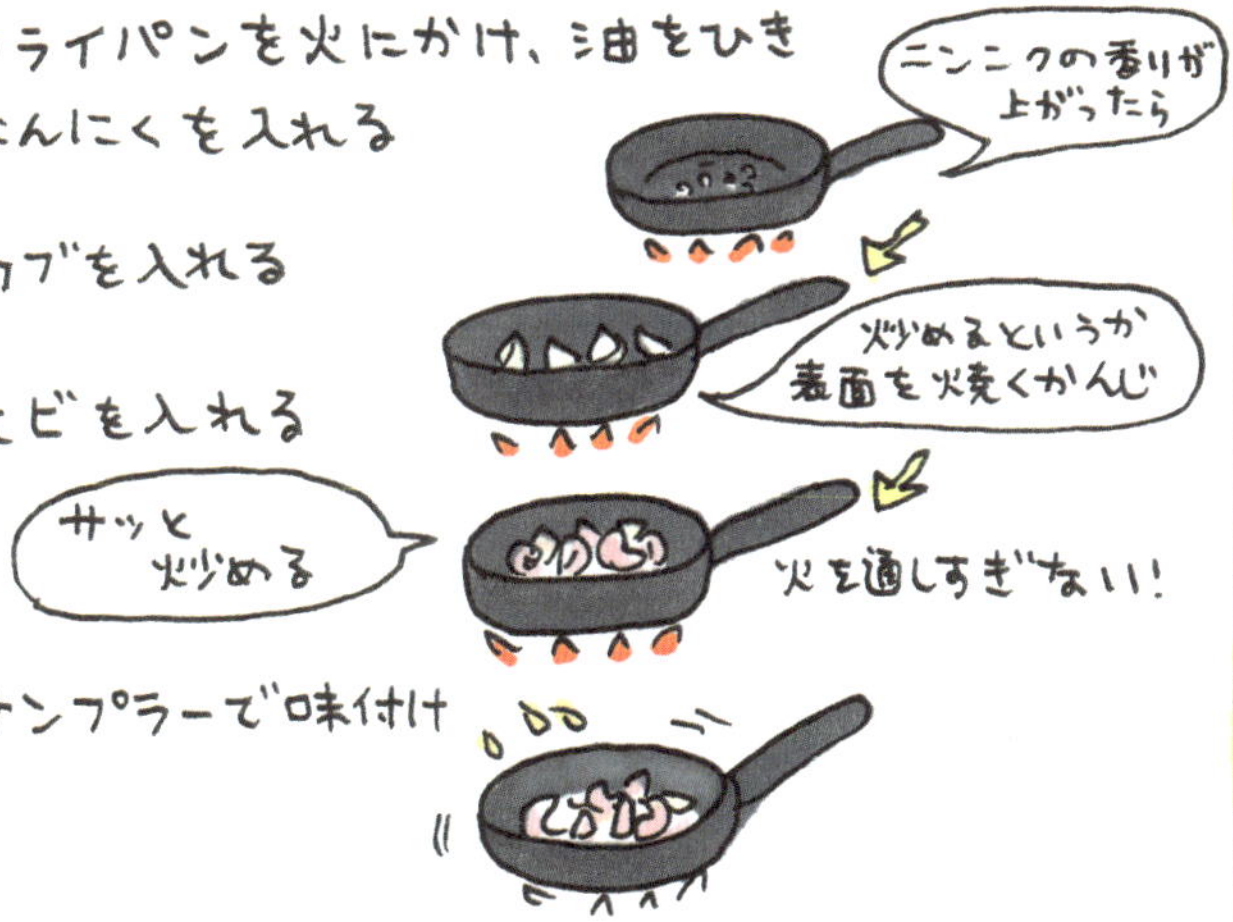

ニンニクの香りが
上がったら
炒めるというか
表面を焼くかんじ
サッと
炒める
火を通しすぎない!

⑦ 盛りつけてから ディルをちらす　レモンを添える

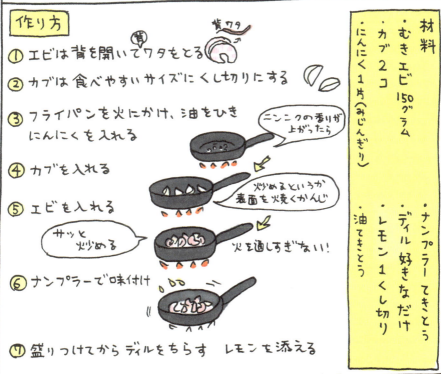

パクチー

別名　コリアンダー・香菜《シャンツァイ》
せり科
一年草

はじめてパクチーの苗を手に入れたのは、小学生の頃——。

まだ、香草についての知識が浅かった。

葉ではなく、タネが欲しくて育てていた。

別名カメムシソウという

今ならこの香り大好物の。

結局父に世話をまかせて放ったらかし。
タネもとらなかった……

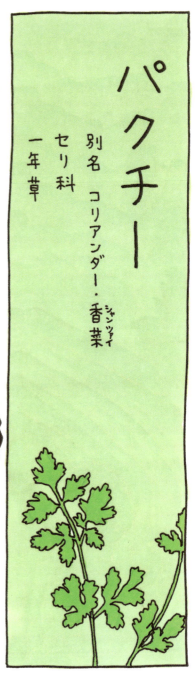

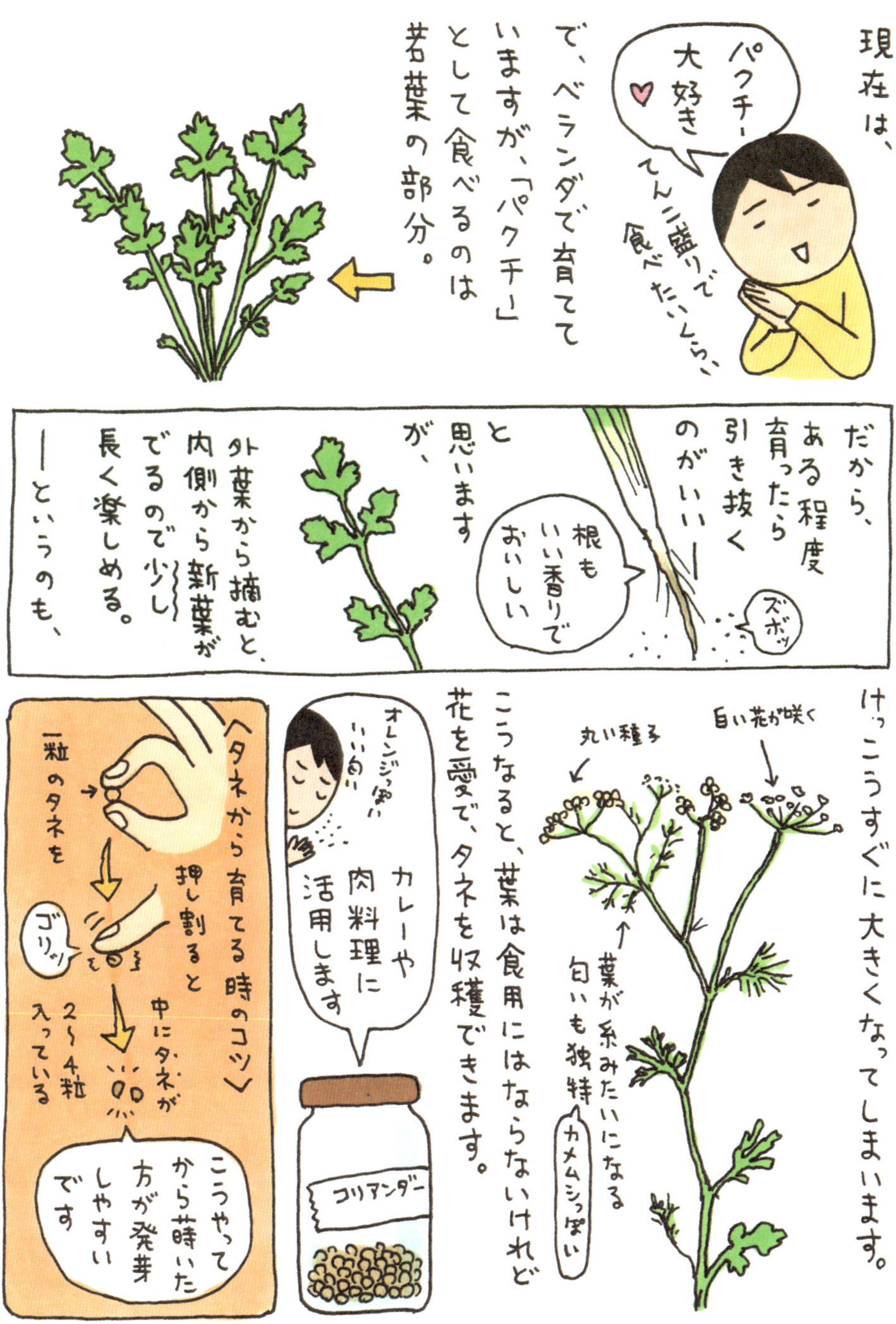
現在は、
パクチー大好き♥
てんこ盛りで食べたいくらい、
で、ベランダで育てていますが、「パクチー」として食べるのは若葉の部分。
だから、ある程度育ったら引き抜くのがいい――
ズボッ
根もいい香りでおいしい
と思いますが、
外葉から摘むと、内側から新葉がでるので少し長く楽しめる。
――というのも、
けっこうすぐに大きくなってしまいます。
白い花が咲く
丸い種子
葉が糸みたいになる
匂いも独特
カメムシっぽい
こうなると、葉は食用にはならないけれど花を愛で、タネを収穫できます。
オレンジっぽいいい匂い
カレーや肉料理に活用します
コリアンダー
〈タネから育てる時のコツ〉
一粒のタネを
押し割ると
ゴリッ
中にタネが2〜4粒入っている
こうやってから蒔いた方が発芽しやすいです

アジア風 揚げ春巻

ザクっと
かじると
エビと
パクチーの
香りが
ふわっ

材料

・豚ひき肉 200グラム
・エビむきみ 100グラム
・玉ねぎ 1/4コ みじんぎり
・パクチーの葉 てきとう
・ナンプラー小さじ2
・コショウ少々
・春巻の皮10枚 ↓4分の1にきる

・小麦粉少々
・あげ油てきとう

作り方

① エビは背ワタをとって包丁でたたく

粗くミンチにする

② 豚ひき肉、エビ、玉ねぎ、ナンプラー、コショウを合わせて混ぜる

ハンバーグのタネを作るように

③ ②を40等分になるように、パクチーの葉と一緒に春巻の皮に包む

水で溶いた小麦粉をつけてとじる

④ 油で揚げる

もし春巻の皮があまったらチーズとパクチーを包んでもおいしい!!
ビールワインのつまみです

チキンライスアジア風
ふつうのチキンライス
パクチー
全てをまぜまぜして食べるとアジアの味に!!
スプーンの上タイの調味料「チリインオイル」

作り方 ——は↑混ぜるだけ!なので…

材料(一人分!)
・チキンライス 一人前
・パクチー すきなだけ
・チリインオイル(小さじ½)
↑辛い! お好みで

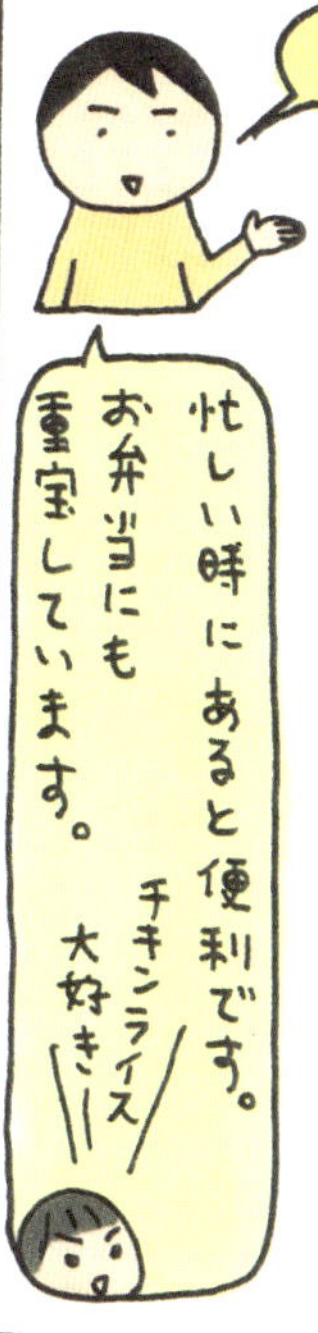
チキンライスの素の作り方をご紹介
忙しい時にあると便利です。お弁当にも重宝しています。
チキンライス大好きー

① 玉ねぎ(½コみじんぎり)を炒める
② にんじん(½本みじんぎり)を加えて炒める
③ ピーマン(3コみじんぎり)も加えて炒める
④ とり肉(250gこまぎり)も加えて炒める
⑤ とりガラスープ(50cc)を加えて全体に火を通す
⑥ ケチャップ(100ccくらい)を加えてよく合わせて火を止める
できあがり
(4〜5人前)

・使う時はごはんと一緒にフライパンで炒める
・冷蔵庫で1週間は保存できる

チリインオイル
甘味もあるけど辛いみそ状のペースト
Chili Paste In Oil

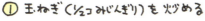

コリアンダーの肉団子

とクミン

中近東の肉団子のイメージ
スパイスのプチプチした食感と
香りが食欲をそそる——

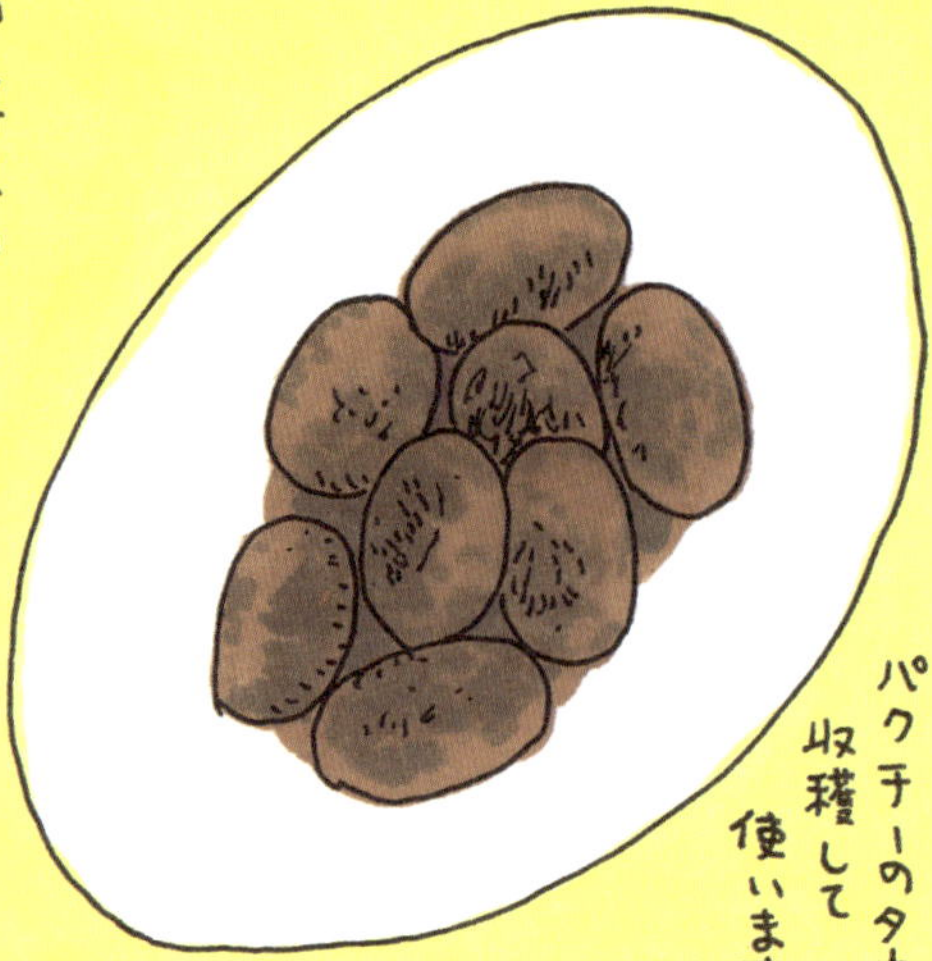

パクチーのタネ収穫して使います

材料

- 合いびき肉 300グラム
- 炒め玉ねぎ 1/2コ分
- しお、コショウ てきとう
- コリアンダー(粒) 小さじ1
- クミン(粒) 小さじ1/2
- たれ
  - バルサミコ酢大さじ2
  - しょうゆ大さじ2
  - 水大さじ2
- 油 てきとう

作り方

① コリアンダーは すり鉢などで 粗く砕いておく

② ひき肉、玉ねぎ、コリアンダーとクミン しおコショウを よくこねる

③ 成形する

わたしは小さめの俵形にする
好みの大きさ、形でいい

④ フライパンを火にかけ、油をひいて 肉団子を焼く
↓
火が通ったら 一旦 とりだす

⑤ フライパンに たれを入れて 軽く煮つめて、 肉団子を戻し、からめる。

松の実とか ナッツ類を プラスしても おいしいです。

バジル

別名バジリコ
シソ科
一年草

バジルは育てやすく、日当たりの良いところでぐんぐん育ちます。

が、背ばかり伸びても収穫量が少ないので、ある程度伸びたところで「摘心」をします

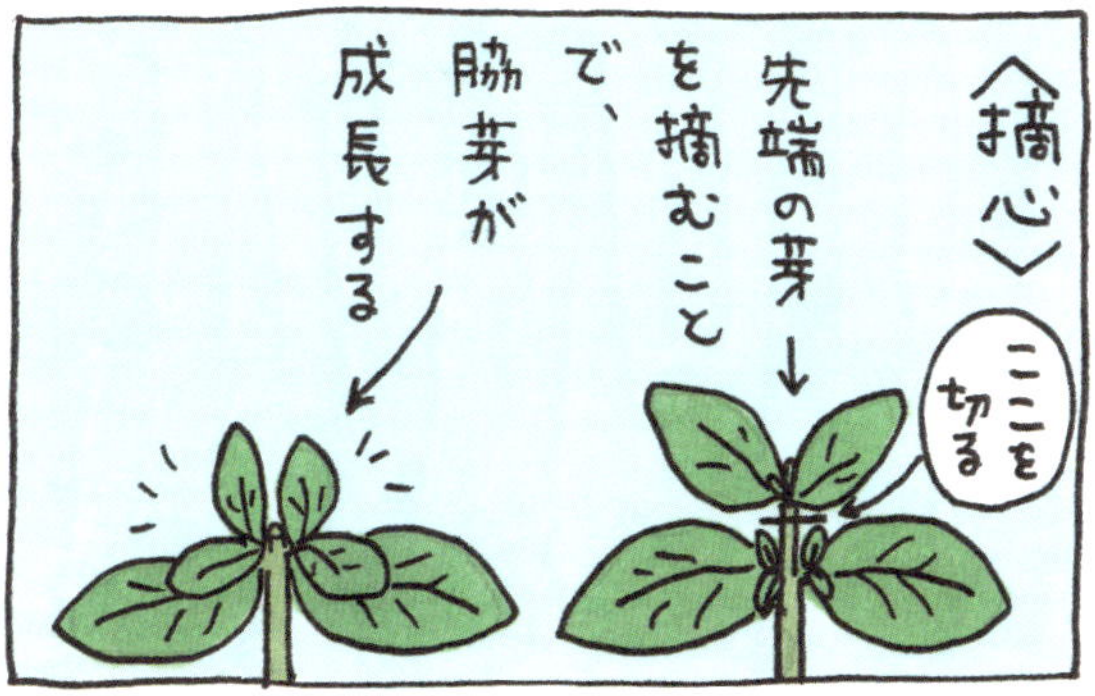

これをくりかえすと、脇芽からさらに枝分かれしていってこんもりと葉が繁ったバジルに育つ

イメージ図

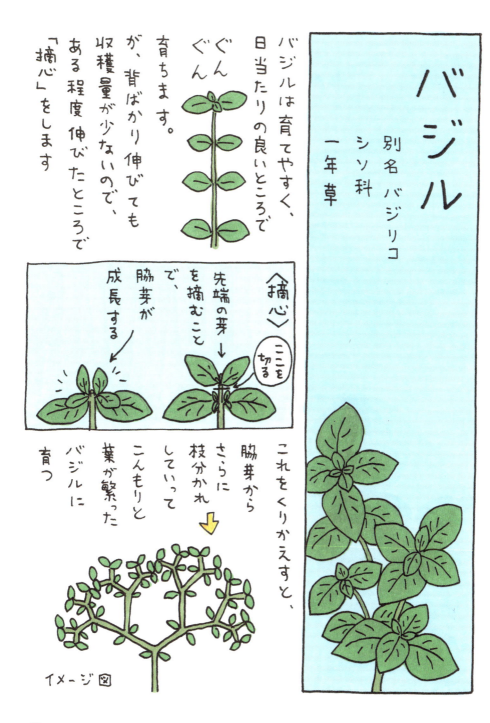

バジルを初めて食べたのは、たぶんイタリアン料理。
トマトとモッツァレラチーズ、バジルを重ねた前菜〈カプレーゼ〉
〈ピザ・マルゲリータ〉
王妃の名前
トマト、モッツァレラ、バジルの色がイタリア国旗を表している
タイ旅行した時にもバジルを使った料理をいろいろ食べました。
グリーンカレーの仕上げにバジル
小粒のオイスターと紫のバジルの炒めもの
おいしかった!!
葉がとがり気味
タイバジル(ホーラパー)
アジアのバジルも育ててみたいなーと思っています。
やはり風味が違うんですよねー
紫のバジル
(ホーリーバジル)
の一種
緑もある
秋、枯れたバジルになぜかスズメが集まってきていた。
タネを食べてる?
(ムシがついてた?)
バジルシード、栄養価が高いっていうもんね
か、かわいい…

バジルペースト

パスタやゆでたジャガイモと和えて使う

時間がたつと空気にふれたところが茶色くなるので、ふたをするようにオリーブオイルを表面に流して冷蔵保存する

（半年くらいは保存できる）

材料

・バジルの葉50グラム
・クルミ30グラム
・にんにく1片
・オリーブオイル100cc
・しお小さじ1

作り方

① 全ての材料を刻む
（ミキサーにかけやすくするため）

② クルミ、にんにく、オリーブオイル少量をミキサーにかける
少しずつオリーブオイルを足してなめらかにしていく

うちはバーミックス使用

③ バジルの葉を何回かにわけてミキシング。しおも加える
ペースト状になればできあがり

食べるときに粉チーズをプラスするとコクがでる

バジルとカブタコのサラダ

浅漬け感覚、こぶ茶が味の決め手。

和風?と思うけどオオバよりバジルがぴったりくるサラダです。

材料

・カブ 2~3つ
・タコ足 1本
・バジル てきとう
・しお少々
・こぶ茶 小さじ1くらい
・レモン汁 少々
・オリーブオイル てきとう

作り方

① カブは 皮のよごれているところを除くていどにむく

たて半分に切る → 半分を4等分くらいのくし切りにする

② タコ足は一口大にブツ切り

③ カブに塩をふる 水分が出てしんなりする → 水切りする

④ ビニール袋に こぶ茶とカブを入れてかるくもんでなじませる

⑤ バジルはてきとうに刻む

⑥ カブとタコをボウルにあけて、バジルと混ぜる

⑦ レモン汁を加える

⑧ オリーブオイルを仕上げに回しかける

タイ風バジル炒め

オイスターソースとバジルって合う
牛コマ肉で作ってもうまい

材料

・豚コマ肉150グラム
・ナス2本
・玉ねぎ1/2コ
・にんにく1片 みじんぎり
・バジルてきとう

調味料
・オイスターソース小さじ1
・ナンプラー小さじ2
・水大さじ2

作り方

① 玉ねぎは薄めのくし切り
ナスは乱切り
バジルは大まかに刻む

② フライパンを火にかけ、油をひき
にんにくを入れる

③ 香りが立ったら豚肉を入れ、
表面に火が通ったら
玉ねぎ、続いてナスを炒める

④ こげつかないようにフライパンを
ゆすりながら調味料を加えて
火を通す

⑤ バジルを加えてさっと混ぜて
火を止める

目玉焼きをのっけて
ワンプレート飯にすると
さらにタイっぽくなる

パセリ
別名パースレー
セリ科
二年草
カールリーフ
フラットリーフ（イタリアンパセリ）
パセリはよく使うので、ベランダの中でも大きめのプランターで育てています。
ある年、
キアゲハの幼虫
がいるのをみつけて、
数匹
あらあら
虫好き
二日ほど様子をみていたら
あっというまにパセリ丸はだか!!
キャーーやめてーーっ
幼虫を虫カゴに移してスーパーのパセリを与えたらーー
だんだん弱って死んでしまった
ガーーン
これって農薬のせい?!
という思い出が。
本当の原因はわかりません

うどんこ病になったこともあります。被害にあった時は、いさぎよく刈り取ってしまう。

白い粉!!

芯さえ無事ならまた新芽が出てきます。

たくましい〜

パセリで注意するのは、

繁りすぎ!!
もっさ〜
虫もつきやすい
湿気はうどんこ病の原因

まめに摘んでキッチンに活けておく。

これはローズマリー
イタリアンパセリ

そして料理に使う。

2年目になると、背が高く茎が伸びて(1メートルくらいになる!!)花が咲きます。

かれん!!
葉も別物に

タネができたら枯れてしまい、おしまい。2年間ありがとう。

パセリは花屋さんでもよく苗を見かけます。手軽に始められるのもうれしい香草。

安い!!
タネから育ててもたのしいけどね…
苗からの方がラク!!

アサリとパセリリゾット風

冷やごはんで作るから正しくは西洋おじや？

アロス・コン・アルメハス

スペインで食べてとても気に入った料理が原型

材料

・アサリ 400グラムくらい（多い方がうまい!）
・玉ねぎ1/4コ（みじんぎり）
・にんにく 1片（みじんぎり）
・冷やごはん2膳分くらい
・パセリたっぷり（みじんぎり）
・しお、コショウ てきとう
・白ワイン100ccくらい
・油 てきとう

作り方

① アサリは砂抜きをしておく

② フライパンを火にかけ、油をひき
にんにくを入れ、香りが立ったら
玉ねぎも加えて炒める

③ アサリを加える

④ 白ワインを加えて
フタをする（アサリ蒸し焼き）
……
アサリの口がひらいたら、（パッカーン）

⑤ ごはんを入れ、ほぐすように
混ぜ炒める
味をみてしおを加える

⑥ パセリをザックリ混ぜる

⑦ 仕上げにコショウをふる

パセリの白和え

カールしたパセリに白和えがからんでまとまるおいしさ

豆腐の水切りがめんどうなので厚揚げで作っています！

→おまけ 厚揚げの皮・煮浸し

材料
- パセリ（葉のみ）てきとう
- 厚揚げ1丁

調味料
- ねりゴマ大さじ2
- さとう小さじ2
- しお小さじ1/3
- しょうゆ3滴くらい

作り方

① 厚揚げの皮をうすく切りとる

② 厚揚げの中身部分をてきとうに切ってすり鉢でする

③ 調味料を加えながらなめらかになるまでよくすり合わせる

④ パセリの葉によくからめ和える

クレソンやパクチーで作ってもおいしいです

おまけ ① 厚揚げの皮は食べやすく5〜10mm幅に切る

② 飲めるくらいの濃さのめんつゆと一緒になべに入れて火にかける

③ 汁気がなくなり気味のところで火からおろす

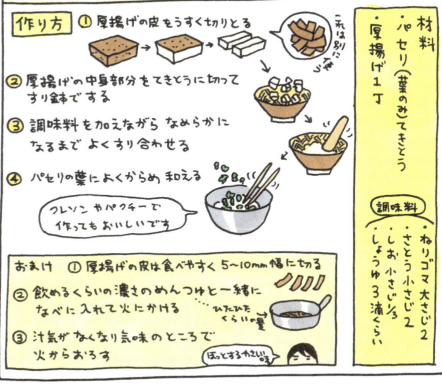

ミント

別名・和名 ハッカ
シソ科
多年草

ミントはわたしが子供の頃、初めて買った香草苗です。

ミントの苗は鉢に入れた状態で植えると良い

と後に知った・・・

まめな手入れが必要

今はベランダ栽培なのではみだしてまで伸びることはないですが、丈夫な香草です。

そして、一口に「ミント」といってもたくさん種類があります。

用途に応じて選びたい

〈ペパーミント〉
ミントといえばこれ?
葉の形がけっこうシャープ
香りもいいけど
ワイルドなかんじ
わたしがおすすめするのは
〈スペアミント〉
香りが強い
ペパーミントに比べると丸みのある葉
飲み物などの香りつけにはコレ!
〈アップルミント〉
丸っこい葉
産毛があってやわらかい
リンゴっぽい? 甘いミントの香り
お菓子に添えたりするならコレ!
〈ペニーロイヤルミント〉
ほふく性で這うように育つ
毒性があり、食べられない
注意!!
パイナップルミントとか、ジンジャーミントなどもある。
先日みつけたのは
ほんのりチョコ風の香りのミント
おかーさん! これ「チョコミント」!!
いい匂い!!
ムスメ
ペニーロイヤルをタイルと交互に庭に敷きつめているお宅があって、
ステキ!
歩くとミントの香りがふわりと上がる
庭があったらマネしたい〜
実はうちではほとんど出番のないミント。
（料理の味付けには使わない）
飾り程度
でもベランダにあるとうれしい、グリーンと香りなのです。

ミントのカクテル

〈モヒート〉

〈ミントジュレップ〉

夏になると飲みたくなる
爽やかカクテル

モヒート

材料
・ラム 50cc
・ライム1/2コ
・氷たっぷり
・三温糖 大さじ1
・ソーダてきとう
・ミントの葉20枚くらい

① ライムは4等分に切る

② グラスに三温糖とライムを入れてつぶしながら溶かす

③ ミントを加えてつぶす

④ 氷を入れてラムを注ぎ

軽く混ぜてできあがり

ミントジュレップ

材料
・ウィスキー 50cc
・ソーダてきとう
・グラニュー糖大さじ1
・氷たっぷり
・ミントの葉20枚くらい

① グラスにグラニュー糖、ミント、少量の水を入れて軽くつぶしながら溶かす

② 氷を入れてウィスキーを注ぎ

軽く混ぜてできあがり

ふんいきを楽しむ

プロの作ったモヒート、ミントジュレップってすご～くおいしい

ルッコラ
別名ロケット
アブラナ科
一年草
野菜感覚で使える香草。
混植しないでタネを直まき。
間引きしながら育てる
双葉（カイワレ状態）もしっかりルッコラの味！
間引き葉もおいしくいただけます。
1カ月くらいで
収穫!!
そしてまたタネまき。
真夏・真冬以外なら大抵育つ
ーのくり返し。
土は時々入れ替える
一度に収穫するよりちょこっとずつがいいなら

外側の葉だけ摘むと内側の葉が育ってくる
背が高くなると食べられなくなる
最後に花が咲きます
花もルッコラの味がする!
葉の形もかわるよ
サラダの飾りにしてもいい
と、育てやすそうにみえるルッコラですが、
虫がつきやすい!!
アブラナ科全般にいえる
コバエみたいなのとか
しっしっ
アオムシとか
毎日まめにチェックするのが上手に育てるポイント。
ゴマのような香り、ピリッと少し辛いルッコラ、サラダだけじゃなくてみそ汁の具にするのも好き
セルバチコ
別名ワイルドロケット
ルッコラの原種といわれている
ルッコラと同じ様に育てられる。でも同じと思って食べると、香りも強く、ビックリするほど辛い!
ピリリッ
ちょっとのアクセントに使うととても風味がいい。
切り込みのある葉っぱ

大根と柑橘ルッコラのサラダ

女子に評判がいいです

八朔、夏みかん、伊与柑とか果実が堅い系の柑橘を使います

材料

・柑橘(夏みかん)1コ
・大根厚さ4センチ
・ルッコラてきとう
・オリーブオイル てきとう
・しお てきとう

作り方

① 柑橘はていねいにむいてたべやすく2つくらいに割る

② 大根は2ミリ厚にスライスしてイチョウ切りにする

③ 大根にしおをふり、しんなりするまでおく(強めにふる.味はこれで決まる)

④ 大根から出た水気をかるく搾り柑橘と和える

⑤ オリーブオイルを回しかけて混ぜる

⑥ 食べやすくちぎったルッコラをざっくりと混ぜる

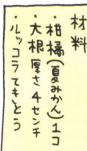

ローズマリー

別名 マンネンロウ
シソ科
常緑小低木

ローズマリーは丈夫で育てやすいからか、街中でも建物の周囲の植え込みなどでもよく見かけます。

——で、告白しますが、花壇から一枝折って持ち帰ったこともありました。すみません!!

初めてローズマリーの苗を買った時、
あまり考えずに決めたのですが
「這性」だったのです!!
(枝が下や横に伸びてゆく)

ずるずると床を這ってゆく〜〜っ!!
かわいくない〜!!
花壇とか高い位置にあるととてもすてきです。

2年くらいで枯らしてしまいました……。
今は二代目、立性のローズマリーです。
(幹が直立する)
今度は長ーくつきあっていきたい。

低木になるので何年も育つ

今3年目ですが、

刈り込みをすると脇芽がどんどん出るらしいので、切ったらヘンな形になっちゃった!

あれっ?
まあいいか……

——そして最近、葉に元気がなくなってきた。

たぶん原因は根が鉢いっぱいになってきたんだと思う。
(一代目もそれで枯れた)

そろそろ鉢の植え替えしなきゃいけない

大きく丈夫に育ちますように。

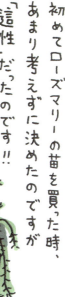

イワシの竜田揚 ローズマリーの香り

ローズマリーは添えるだけでもよい香り。

一口大のおつまみ仕立て

これ、子どもも大好きです

材料

・イワシ3尾
・片栗粉てきとう
・ローズマリー1枝

・みりん大さじ2
・しょうゆ大さじ2
・しょうが一片(すりおろし)
・油てきとう

作り方

① イワシは三枚おろしにする

② みりん、しょうゆ、しょうがすりおろしを合わせてイワシを漬ける(30分くらい)

←ビニール袋漬け

③ イワシをとりだして汁気を切り、半分に切りわける

丸めるように二つ折りにして、つまようじで留める

④ 片栗粉をまぶす

⑤ 油でカラリと揚げる

揚げたらようじを外す

⑥ 盛りつけてからローズマリーの葉を散らす

てきとうにむしる

ローズマリーなしで、大葉をイワシに挟んでつくると和風のおつまみになります

ローズマリーフライドポテト

ほんのり香草が香るフライドポテト

材料

・じゃがいも3コくらい
・強力粉てきとう（薄力粉でもいい）
・ローズマリー1〜2枝
・しおてきとう
・にんにく半コ 皮つきほぐす
・油てきとう

作り方

① じゃがいもは洗って水気をふいてくし形に切る（これが一番カンタン！）

② 強力粉をまぶす

③ なべに油を5cmほど入れて火にかける
熱くなるのをまたずにじゃがいもを入れる

にんにくも入れる

温度が上がって火が通りはじめたらときどきかきまぜる

④ ローズマリーを加えて（枝のまま）さらにカリッとするまで揚げる

⑤ 油を切ってしおをふる

ローズマリーは自然にパラパラにほぐれる

ローリエ
別名 ローレル、ベイ・リーフ
ゲッケイジュ
クスノキ科
常緑高木
ローリエは、うちでは
育てていません。
実家の庭にあるので
おとーさーん
ローリエちょうだーい
おー
どれくらいじゃー
父から
もらう花束
ありがとうー
ほれ
こんぐらいでいいか？
持って帰ったら
吊るして
乾燥させて
密封保存

うちのローリエは、やさしい甘い香りがします。
葉肉もうすめ
ちょい和風にも合う香り
ヨーロッパやトルコ産のローリエはキリッと強めの香りがする
土壌の違いかな？
いい匂いだけど料理の味がかわっちゃうな～
と、イタリア料理人の友人に言われた。
どう？
わけてあげようか？
わたしんちのローリエ。
挿し木で簡単に増やせるといいます。
10センチくらい切りだす
下の方の葉はとる
cut!
1時間くらい吸水させる
植え付ける
（3カ月くらいで根が出る）
大きい鉢がいい
今まで2回チャレンジして失敗していますが!!
根づいてくれない…
再度試すつもり！
ヒコバエ（脇から出る新芽）を使うと成功率高いらしい

ポトフ

材料はシンプル
作り方もシンプル

じゃがいもは煮崩れがいやなので入れてません

作り方

① 豚かたまり肉は強めにしおをして
ラップにくるみ、一晩冷蔵庫へ 

② だいこんは  8等分　にんじんは 

玉ねぎは 8~10等分くしぎり 

キャベツはそのまま 

③ なべに水を入れ だいこん、にんじん、玉ねぎ、
ローリエを加えて火にかける 

④ 豚肉は水気をふきとり8切れくらいに
切りわける 

⑤ 沸騰した③に肉を入れて煮る

⑥ 再沸騰したらキャベツも入れ、コトコト1時間煮る

⑦ 味をみて うすかったらしおコショウをする

材料

- 豚かたまり肉 だいたい450グラム
- だいこん8~10センチ
- にんじん1本
- キャベツ1/8玉
- 玉ねぎ1コ
- コンソメ固形3~4コ
- ローリエ4~5枚
- しおてきとう
- 水1リットルくらい

ソーセージ、とり肉、レンコンなど
煮ておいしい食材はなんでも入れていいです

ローストポーク

焼き上がりをみせると歓声があがる!!

粒マスタードを添える
つけあわせ
オリーブオイルとしおで和えたクレソン
サンドイッチにしてもおいしい!!

材料

・豚かたまり肉（チャーシュー、ローストポーク用）500グラムくらい
・しお大さじ2くらい
・コショウてきとう
・ローリエてきとう
あとタコ糸!

作り方

① 前日に豚肉にしおをよくすりこんでビニール袋に入れて冷蔵しておく

② 焼く1時間前に冷蔵庫から出す

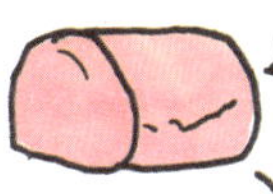
水気をふきとる

③ タコ糸で形を整えるようにしばる

コショウをふる

④ しばったところにローリエをはさみこむ

なるべくいっぱい

⑤（1時間たって豚肉が室温になじんだ頃合い）280度に熱したオーブンに入れて190度に設定しなおして40分焼く

高温で表面を焼きしめてからじっくり火を通すイメージ

焼き上がり

⑥ タコ糸を外し、ローリエをはがして好みの厚さにスライスして盛りつける

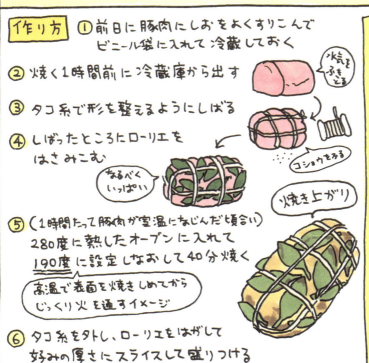

シソ
シソ科
一年草
道端にも生えているのを
見かける、シソ……。
タネをまいた憶えないのに
いつのまにか育ってたー！
うちのベランダ！
という友人談もある。
すごーーい
香りが強いからか
害虫がつきにくい
みたいで
育てやすい
香草
赤ジソと
青ジソがある
うちでは
青ジソ
通称
オオバ
薬味として
和食系の料理に
欠かせないシソですが、

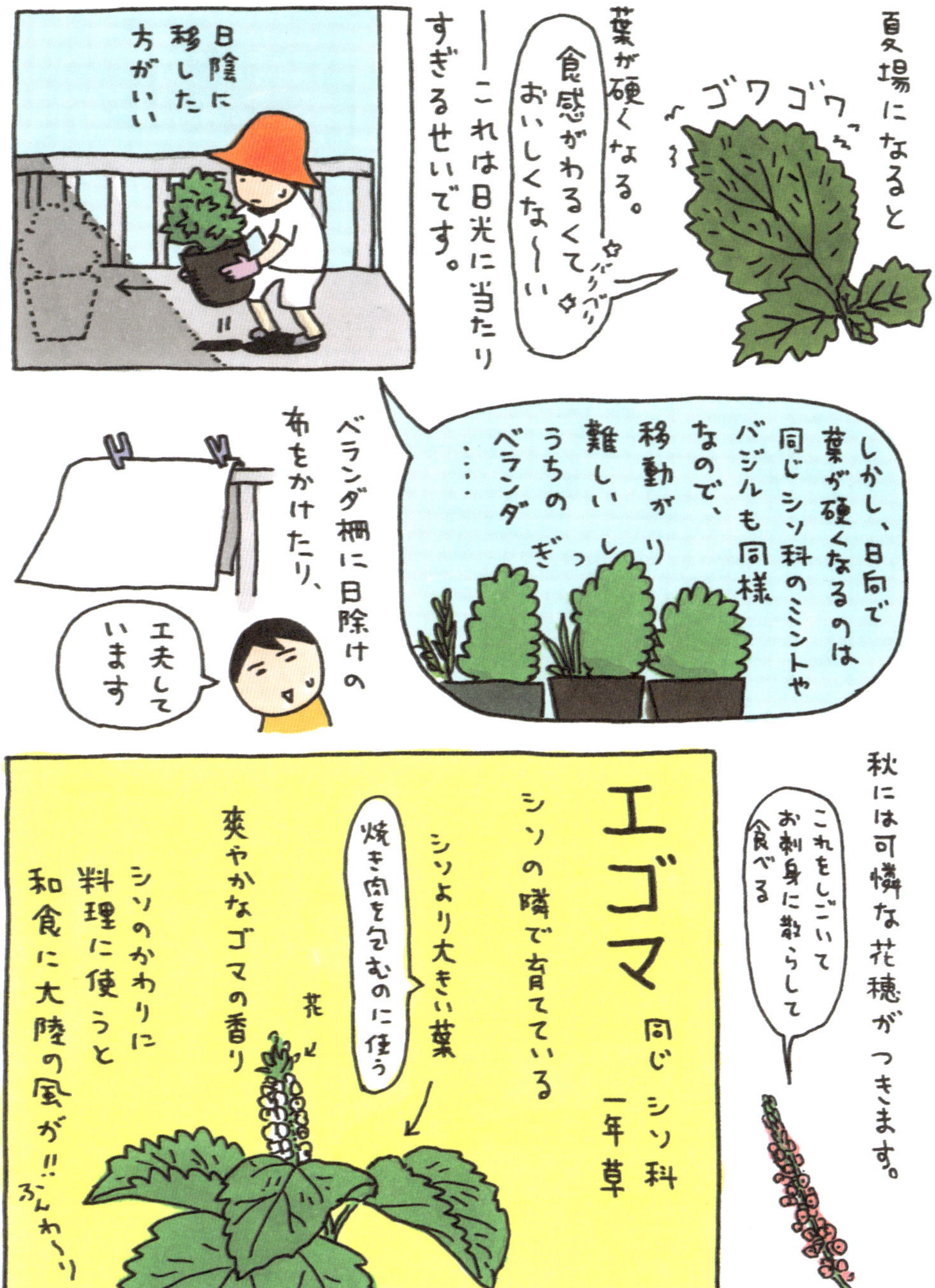
夏場になると
ゴワゴワ〜
葉が硬くなる。
食感がわるくて バリバリ おいしくな〜い
——これは日光に当たりすぎるせいです。
日陰に移した方がいい
しかし、日向で葉が硬くなるのは同じシソ科のミントやバジルも同様 なので、移動が難しい うちのベランダ……
ぎっしり
ベランダ柵に日除けの布をかけたり、
工夫しています
秋には可憐な花穂がつきます。
これをしごいてお刺身に散らして食べる
エゴマ
同じシソ科 一年草
シソの隣で育てている
シソより大きい葉
焼き肉を包むのに使う
花
爽やかなゴマの香り
シソのかわりに料理に使うと和食に大陸の風が!!
ふんわ〜り

大根サラダ

ホタテ缶で作るお惣菜サラダ

市販のドレッシングとか酢じょうゆでももりもり食べられる

材料

・大根 5センチ厚くらい
・大葉（シソ） 10枚
・ホタテ缶詰 1コ
・マヨネーズ てきとう
・しお少々

作り方

① 大根は皮をむいて2ミリにスライス（細みでもっとうすく）

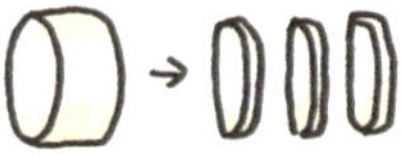

② 大根スライスのところどころに大葉もはさむ

大根と大葉のミルフィーユ

③ せんぎりにする

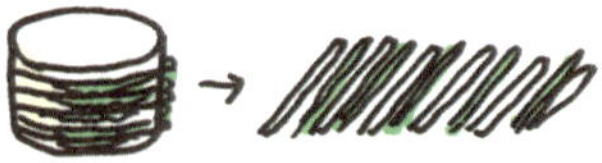

④ ホタテ缶をボウルにあけてマヨネーズと混ぜる

ホタテの汁気とマヨネーズにほどよい濃度がつくていど

味をみてうすいようならしお少々

⑤ ③を④で和える

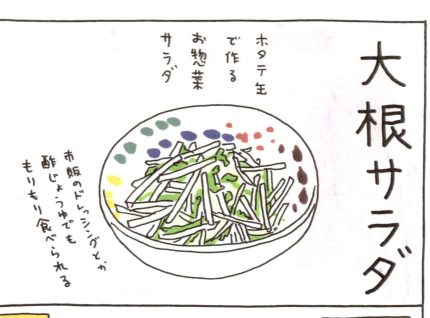

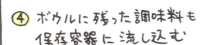

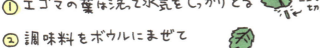

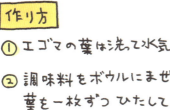

エゴマのしょうゆ漬け

これは海苔のかわりにエゴマのしょうゆ漬けを巻いたおにぎり

材料

・エゴマの葉 40枚くらい
(大葉(シソ)を使ってもおいしくできる)

調味料

・しょうゆ 1/2C
・ゴマ油 大さじ2
・みりん 大さじ2
・にんにくすりおろし 1片分
・白ごま大さじ1

作り方

① エゴマの葉は洗って水気をしっかりとる

ここは切る

② 調味料をボウルにまぜて葉を一枚ずつひたして

③ 保存容器に重ねるように移す

④ ボウルに残った調味料も保存容器に流し込む

⑤ 2時間くらいで食べられる
(冷蔵保存で1カ月くらい保つ)

白ごはんのおともです

とうがらしを大さじ2
(韓国のとうがらしは辛さがマイルド)
入れるとさらにパンチがきいておいしいです

うちは辛いのダメな子供がいるので…

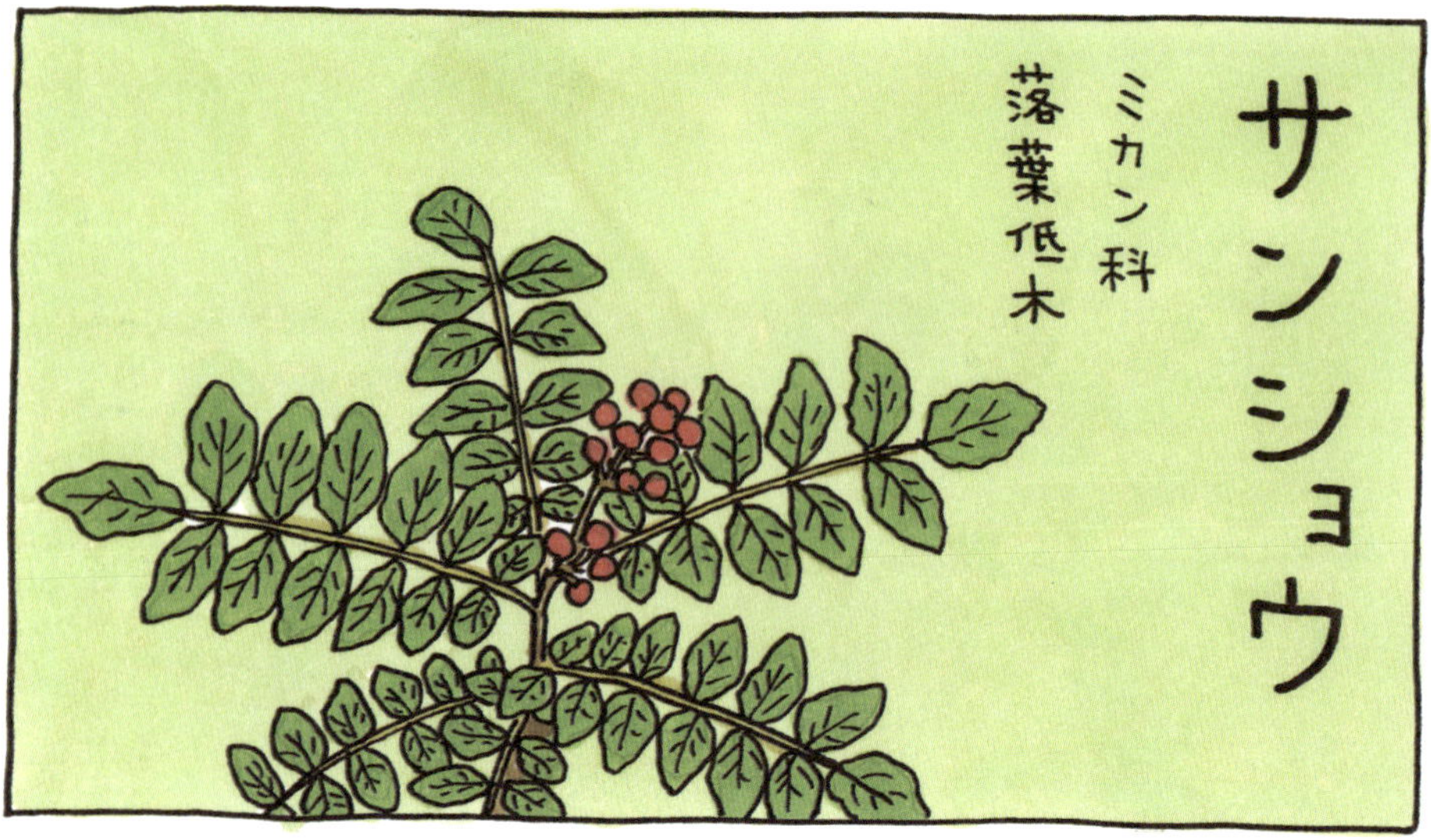

サンショウは、今苗から育てようとしているところで、まだたっぷり収穫するわけにはいかないけれど――

一枚摘んで、

タケノコの煮物の上に!

とたたいて使います。

香りが立つ

春の香りですね。

あと、毎年初夏になると青果店でサンショウの青い実が出回るので、これで佃煮を作るのが恒例行事となっていますが、
これも実から自家製できるの楽しみ〜
プチプチ
枝から実を外すのはかなり手間
青果店のサンショウ
……
あれ？
実家にもサンショウの木があるんだけど
子供のころからある
実をつけたことないな？
花も咲かない
なんでだ？
調べたら、「雌雄異株」といって、雌木と雄木を一緒に育てないと実をつけないんだって!!
実家の木はオスか?!
園芸店の苗にそんな区別ついてなかったよー?!
え〜
花が咲くまで雌雄の見分けはつかないらしい
…じゃあ苗を買い足しても全部同性(?)ってこともあるかも〜？
…とりあえずもう一株育ててみようかな。
サンショウ（ミカン科全般）を育てる際は、アゲハの幼虫に注意!!
美しいクロアゲハ
卵をうみつける
すごい食欲!!
アゲハチョウ育てるの好きで
かわいい
毎年ミカンの葉についているのをもらっているわたし…
うちのサンショウは守ります!!

実ザンショウの佃煮
うなぎとか
牛丼とか
甘辛味の
おかずに
プラスすれば
ピリリとしまる
調味料です
作り方
① サンショウの実を枝からはずす
(実ザンショウ)
これが手間のかかる作業
プチプチ
プチプチ
プチプチ
プチプチ
わらなきゃよかった
と、この時は毎回思う
② たっぷりの湯に実ザンショウを入れて弱火で8分ゆでる
(やわらかくなるまで)
③ ザルにあげて、水にさらす
ときどき水をかえながら1時間くらい
④ 実ザンショウと調味料全てをなべに入れてごくごく弱火でゆっくり煮る
⑤ 汁気が少しあるくらいのところで火を止める
⑥ 冷めたらビン詰めにして冷蔵保存
1年保存可能
できあがると
作ってよかった!
と思います
材料
・サンショウの実 200グラムくらい
・酒 100cc
・しょうゆ 100cc
・みりん 50cc

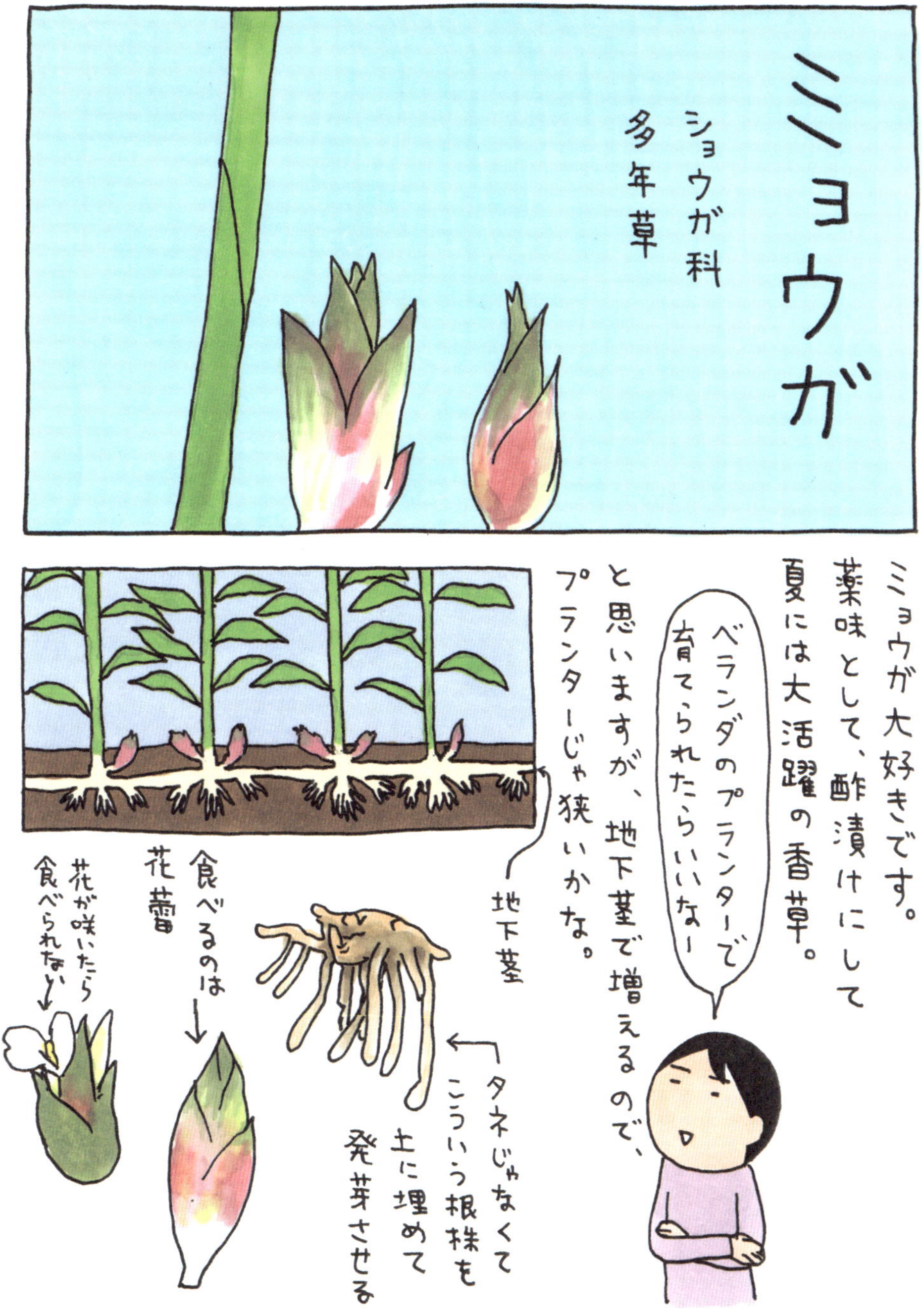

ミョウガ
ショウガ科
多年草
ミョウガ大好きです。
薬味として、酢漬けにして
夏には大活躍の香草。
ベランダのプランターで
育てられたらいいなー
と思いますが、地下茎で増えるので、
プランターじゃ狭いかな。
地下茎
タネじゃなくて
こういう根株を
土に埋めて
発芽させる
食べるのは
花蕾
花が咲いたら
食べられない

庭や畑がある家なら
ぜひ日陰で栽培を!
実家の母が庭のすみ
に植えたところ――
なかなかの繁殖力
手入れしていないまま
5年目・・・
どんどんふえた
夏の帰省のお楽しみ
ミョウガとって帰りなさい
ありがとー
ミョウガ狩り。
あった!
さすがに5年経過で収穫量は減った
八百屋で買うミョウガより
野性味があります。
ずんぐりしていたり
ピンクより緑がこい
食感もしっかり
たぶん日に当たるため
ショウガ
ショウガ科で、同じように育てる
葉ショウガ
みそにつけて食べる
これがふえてショウガ収穫
タネショウガを埋める

ミョウガの万能薬味
4種の香草がからむ
シャキッとした食感と爽やかな香りが食欲をそそる
作り方
①全ての材料を氷水にさらしてシャキッとさせる
5分くらい
よく水気を切る
②ペーパータオルなどを敷いた保存容器に入れて冷蔵庫へ——
（1週間くらい保つ）
材料
・ミョウガ3コ…小口切り
・大葉(シソ)10枚…せん切り
・カイワレ大根1束…ざく切り
・ネギの青いところ1〜2本分…小口切り
みそ汁に…
そうめんに…
何にでものっける!!
焼き肉に…
冷やっこに…
夏の料理に欠かせない薬味です！

ミョウガの甘酢漬け

ほんのり
ピンクで
見た目から
そそられる〜

作り方

① ミョウガはたて2つに切る

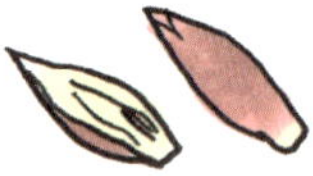

② ミョウガをさっと湯がく（色がきれいに出る）

③ 水気を切って漬け液にひたす

④ 半日くらいで味がなじむ
1週間くらい冷蔵保存できる

材料
・ミョウガ好きなだけ

漬け液
・酢…さとう…しお
6対3対1
をよく混ぜておく

新ショウガで作るとガリが出来る

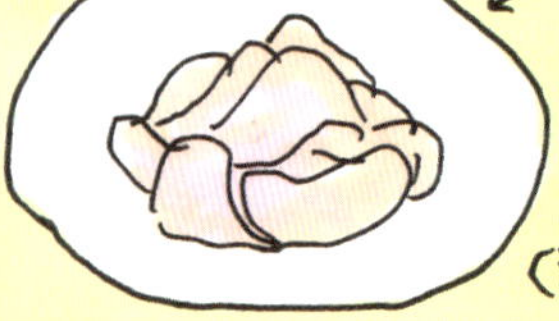

新ショウガはスライスして10秒くらい湯がいて使う
（辛みを抜く）

刻んでごはんにのっけて食べるのすき

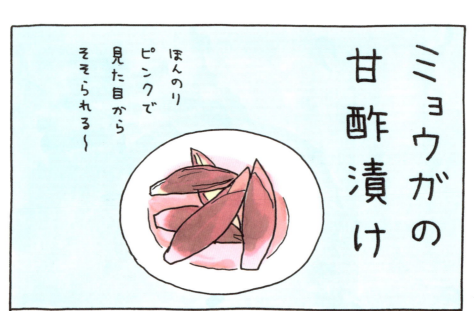

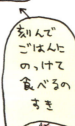

香草のこと いろいろ

香草の育て方や食べ方をプロの方に聞いてみました

園芸家深町貴子さんにきいてみた
香草のある生活について
仕事場兼自宅の、高台に建つすてきな家
担当Uさん
香草や野菜などのグリーンに囲まれた暮らし。
憧れる〜
リビングにナス
サトイモのタネイモ
野菜がインテリアにみえる♥
ベランダ脇に葉らん
ナスタチウムの赤い花が咲く
うら庭に畑わさび
わたしもこんな風に色々と育ててみたいんですが〜
中庭にはさまざまな香草
いいな〜

園芸のテキストを読んでも全然頭に入ってこなくて…

育て方のポイントを教えて下さい〜

たのしい園芸入門
自分で育てていくうちに学ぶのが園芸の楽しさです
マニュアルは参考でしかなく、実際にどんな環境で、どう育てていくかは各々の試行錯誤があってのもの。

難しく考えていたら楽しくなくなるでしょう？

とくに香草類は、土の質で香りが変わる！そういう発見も面白い。

パクチーって産地によって香りがちがうことが！

ああ！

あるある！

でも失敗するとやっぱりガックリしてしまうじゃないですか！

うちのパクチー
巨大化!!

うちのローズマリー
毎日水をあげていたのに
突然枯れた!!

そうそう！

なんでですか?!!

基本的な知識は必要だと思う！

…え〜と
そうですね。植物がどういう生き物なのかは知っておかないと…

植物の地上部分・地下部分は、大体同じ比率と考える
1
1
だから――
根っこが育つと同時に茎も伸びていった
パクチー巨大化
大きめの鉢
枝葉が成長すると同時に根も伸びて鉢がギュウギュウになった
ローズマリー枯れた
小さい鉢
なるほど
そっか～
まあ巨大化して花がたくさん咲いたから種を収穫できてよかったけど
「こんな風に育つんだ！」という発見が園芸のおもしろさです。
水は毎日あげなければいけないわけではない
水はもちろん成長に必要ですが、根は呼吸しているので土の中に空気を入れることが大事。
酸素を吸って二酸化炭素を出す
えっ植物って光合成で生きてるんじゃないの？！
Iさん…
光を浴びて光合成
水・養分を吸収
酸素呼吸
常に水を与えていると空気を含む余地がなく、
酸素が吸収できずに呼吸困難に
水をやらなければ空気が停滞。
土が乾いたら水やり
新鮮な空気が入る
底から出るまでたっぷり
水で汚れた空気を押し出すイメージ。

日当たりで育ち方は変わる
光を当てるとグングン育つと思っていますか？
光を当てないと伸びる！
光を求めるから。
カイワレやモヤシはそうやって育てる
うん
うん
うん
葉っぱも光によって変わる。
光が強いと葉は小さい。
緑が濃くてかたい。
光が弱いと葉は大きくなろうとする。
色が淡くてやわらかい
だから
葉を利用するバジルやパセリ等は、日陰気味のところで育てた方が食感のいい葉ができる。
植物は共生している
わたしの次回プランター計画は「科別」に植えるつもりです！
シソ科・セリ科・ネギ科など…
エヘン!!
ん〜
単体植えより混植をおすすめします
混植は土の養分バランスを保ちますし、
例えば
ローズマリーなら鉢を寄せるだけでも虫よけになる
ネギの根はトマトの病気と拮抗する
2〜3種類を一緒に植えるとお互いが元気に成長する。

虫たちとの共生
香草を育てていると、とにかく害虫に気をつけねば！と思うのですが・・・・
ギャッ アブラムシ!! パセリに!!
こんなのがびっしりと
アブラムシ対策も前ページで話した「混植」であるていど防げます。
アブラムシ
これキライ
繁殖しづらい
これは好き
キライ!!
繁殖しづらい。
アブラムシは種類によって食べ物の好みがちがう。
わたしは昆虫もいろいろいる方がクリーンナップできると考えます
どういうこと？
クリーンナップ作戦?!
例1
マルハナバチ
ブーン
花粉の運び屋
↓
受粉の手助けになる
例2
〈コカマキリ〉
eat
〈テントウムシ〉
eat
〈アブラムシ〉
eat
食物連鎖が自然界のバランスを保つ
例3
キャベツ
モンシロチョウ
卵を産みつける
アオムシが葉を食べる
ムシャムシャ
食べられたところから匂いが出る
タスケテ
ん？
寄生蜂が匂いに気づく
アオムシに卵を産みつける
アオムシが死ぬ
すばらしい!!
生き物たちの世界にもドラマがあるんです！おもしろい！

なるほど！「植物の育て方」を少し理解できた気がします
自分の暮らしを豊かにするのが園芸です
でも、センスがないとザンネンな感じに…
とくに家の中での栽培
買った時のままのチープな植木鉢…
牛乳パックを利用してみたり…ださい！
クッ
↑深町さんはこういうもののセンスも抜群なのです！
家にあるもの、安価なものを使うのはアリですよ！
もとの鉢は「インナーポット」と考えて、「鉢カバー」を工夫してみる！
ワックスペーパーで巻いてリボン
コーヒーの麻袋
使っていない小さめトートバッグ↑ノベルティとかでありますよね
水耕栽培に百均のグラス！
テイクアウト用カップ（フタ付き）
スプラウト育て中
こうすれば部屋の中で洒落たインテリアになる。

他にも たくさん参考になる
楽しいお話を伺いました。
窓際に置いてある
サトイモ と ショウガ
こうしておいて、
芽が出てから
植えるのがコツ！
スプラウトのオススメ
は 芽タデ！
刺し身のツマでみる赤い芽
キレイだよねー
うちでもやりたい！
ホースラディッシュは
日当たりから半日陰で
育つ。
プランターでもうまくいく
肉料理に欲しい！
葉らんは育てやすいし、
お皿にしたり、
料理の間仕切りにしたり
便利！
野菜、香草ではないけれど。
へー!!
水をやる前とやった後でも
味って違うんですね!!
ためしてみます～
園芸を暮らしの一部として楽しんでいる深町さんです。
が!! 深町さんじつは
アンチパクチーなんですって!!
香草ラバーなのに!!
え～?!
でも自分で育てた
とれたてパクチーなら
香りもやわらかくて
おいしいと思う！
すき♥

PROFILE

深町貴子（ふかまち　たかこ）

園芸家　有限会社タカ・グリーン・フィールズ専務取締役
植物を育てる事の楽しさや喜び、生態系のしくみや不思議を独自の視点で語り、全国各地で園芸の楽しさを広めている。また、集合住宅におけるコミュニティガーデンの菜園指導や、オリジナルブランドの商品企画も行っている。NHK Eテレ「趣味の園芸　やさいの時間」講師のほか、NHK総合「あさイチ『グリーンスタイル』」等数多くのテレビや雑誌で活躍。

生活の木
薬《やっ》香《こう》草《そう》園《えん》って？
「生活の木」といえば、ハーブの先駆け！老舗。
わたしの10代のころの憧れ〜
ここは、その「生活の木」の施設。
ハーブある暮らし「ハーバルライフ」を提案するメディカルハーブガーデンです。
Uさん
総面積 12,000 m^2
ガーデン面積 6,500 m^2
ショップ・石けん工房・ギャラリー・ライブラリー・サロン・ベーカリー・レストラン・ビーファーム など
メディカルハーブハウス
さて、どこから見ますか
充実!!
まずは、

メディカルハーブガーデンツアー

ガーデンスタッフが案内してくれるツアー
高橋です よろしく
館外に出るとすぐにキッズコーナーの小さな庭がある
Kids corner
子供の目線で見るハーブって近い!!
みて!! ミツバチ
ラベンダー
周囲のハーブの説明をききながらゆるやかな坂道を進んでゆく。
これはレディースマントル
女性によいハーブといわれています
これもハーブ?!
でかい!
マーレインです 鼻や喉をすっきりさせてくれるそうです
あ、マルベリーの実が食べ頃ですよ
一粒どうぞ〜
葉っぱは血糖値を抑えるといいます
酸味が少なくておいしい実!

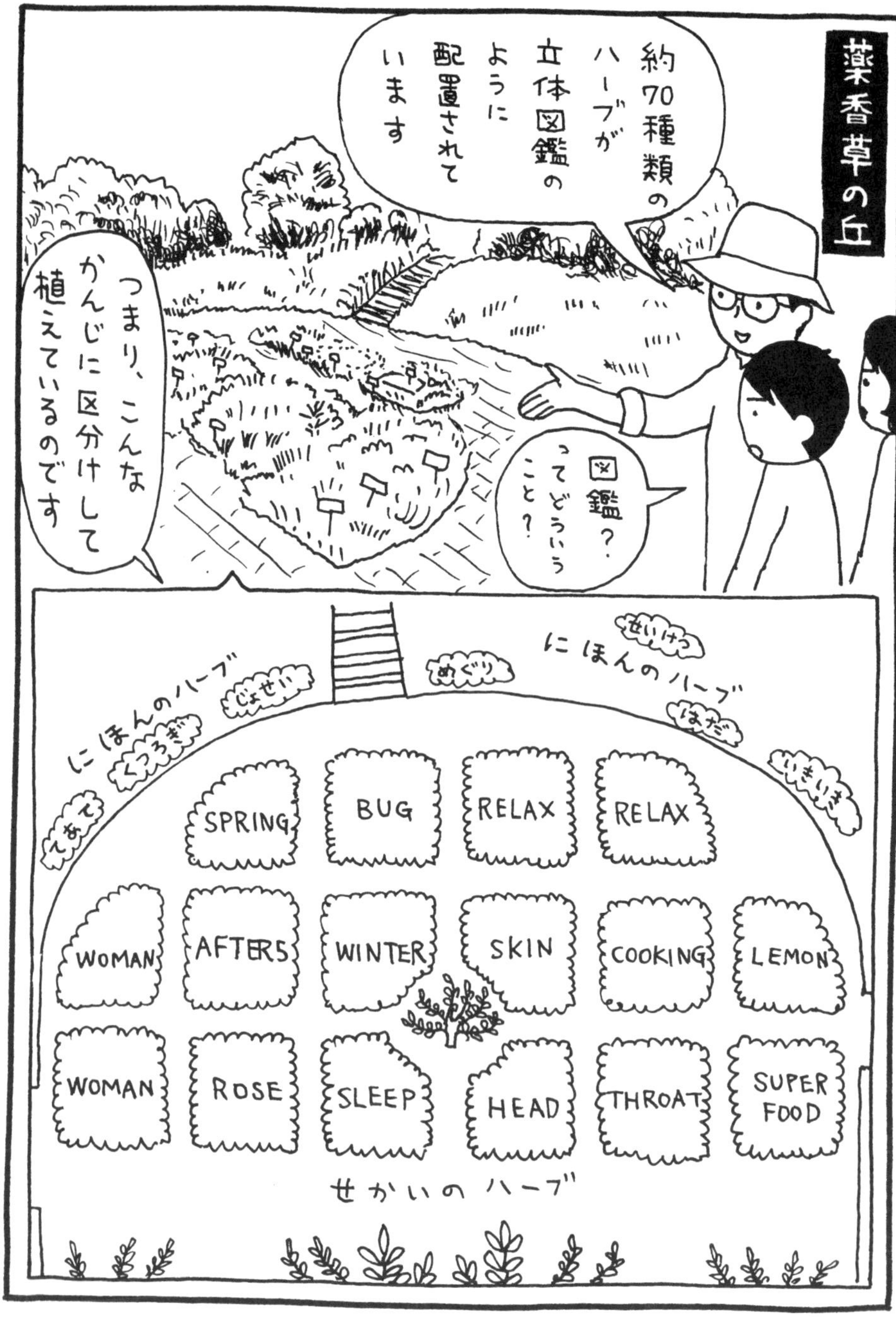
薬香草の丘
約70種類のハーブが立体図鑑のように配置されています
図鑑？ってどういうこと？
つまり、こんなかんじに区分けして植えているのです
にほんのハーブ
じょせい
めぐり
せいけつ
にほんのハーブ
はだ
いきいき
てあて
くつろぎ
SPRING
BUG
RELAX
RELAX
WOMAN
AFTERS
WINTER
SKIN
COOKING
LEMON
WOMAN
ROSE
SLEEP
HEAD
THROAT
SUPER FOOD
せかいのハーブ

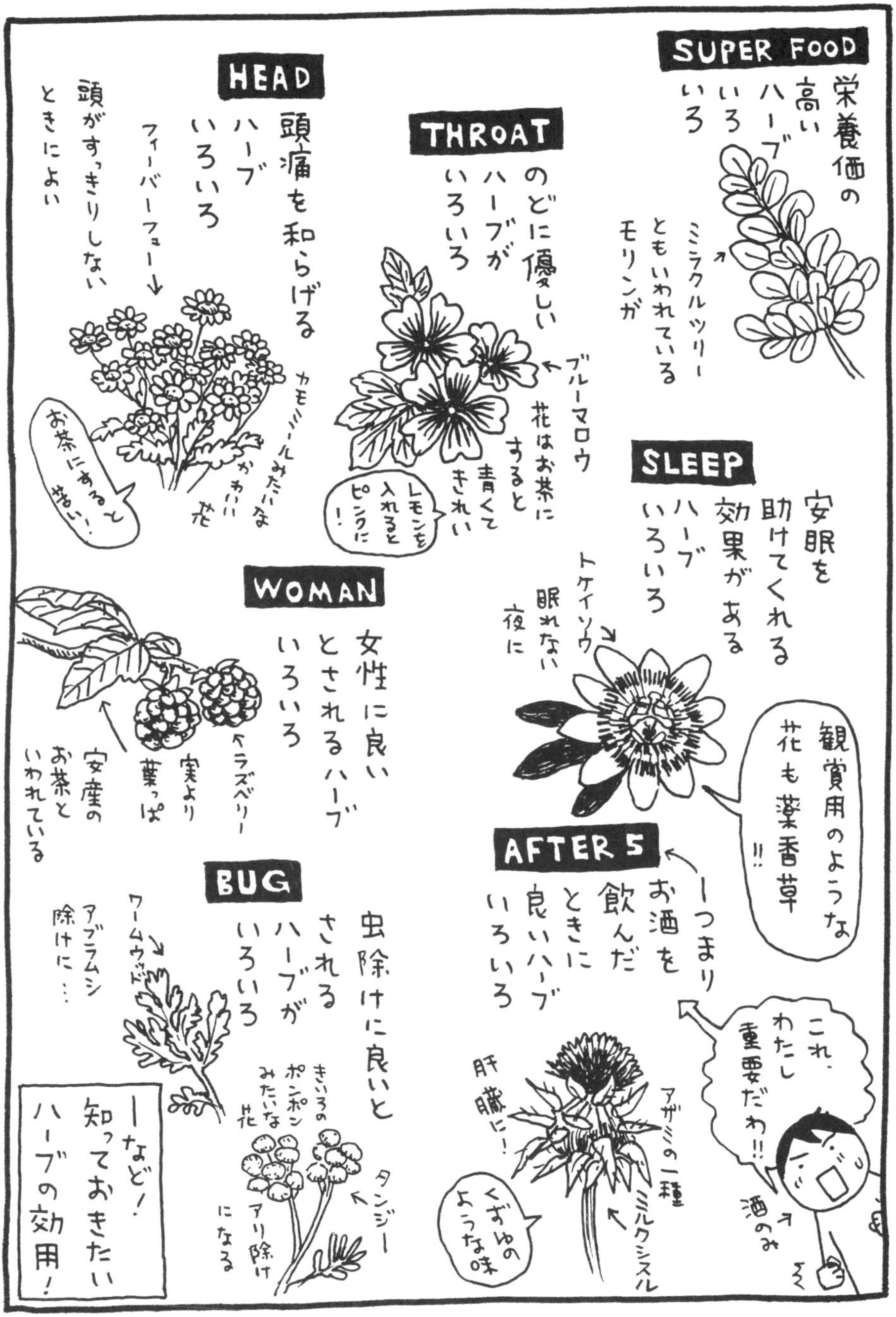
SUPER FOOD
栄養価の高いハーブいろいろ
ミラクルツリーともいわれているモリンガ
HEAD
頭痛を和らげるハーブいろいろ
フィーバーフュー
頭がすっきりしないときによい
カモミールみたいなかわいい花
お茶にすると苦い！
THROAT
のどに優しいハーブがいろいろ
ブルーマロウ
花はお茶にすると青くてきれい
レモンを入れるとピンクに！
SLEEP
安眠を助けてくれる効果があるハーブいろいろ
トケイソウ
眠れない夜に
観賞用のような花も薬香草!!
WOMAN
女性に良いとされるハーブいろいろ
ラズベリー
実より葉っぱ
安産のお茶といわれている
AFTER 5
お酒を飲んだときに良いハーブいろいろ
つまり
これ、わたし重要だわ!!
酒のみ
アザミの一種
ミルクシスル
肝臓に！
くずゆのような味
BUG
虫除けに良いとされるハーブがいろいろ
ワームウッド
アブラムシ除けに…
タンジー
きいろのポンポンみたいな花
アリ除けになる
ーなど！知っておきたいハーブの効用！

さらに高台へ上がると
ヒーリングの丘
です！
すずしい風が吹きぬける木立ちとそよぐ草花ー
癒される〜
ウラジロハコヤナギの葉が銀色にキラキラして美しい。
ラムズイヤーの産毛があるやわらかな手触り・・・・
ふわふわ
きもちいい〜♥
くつろぎの丘です。
この丘の先には
蒸留実験ガーデン
およそ10数種類の蒸留に使うためのハーブの庭。
ローズマリー
ラベンダー
レモンバーベナ
ローズゼラニウムなど
蒸留体験もしてみて下さいね

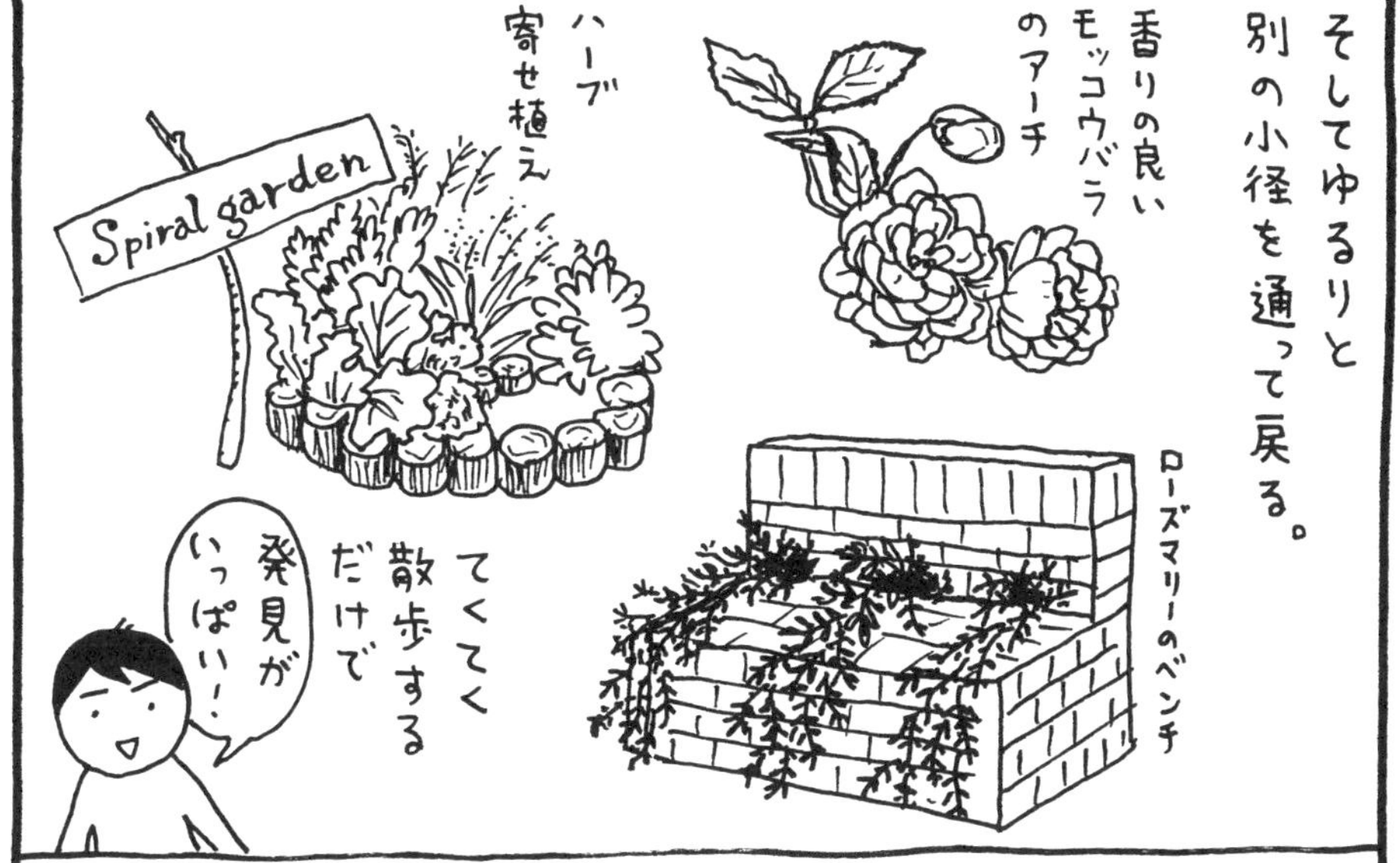
そしてゆるりと別の小径を通って戻る。
香りの良いモッコウバラのアーチ
ハーブ寄せ植え
Spiral garden
ローズマリーのベンチ
てくてく散歩するだけで
発見がいっぱい!

ガーデンツアーのしめくくりは
メディカルハーブハウス
温室ガーデン
ガーデニング用品と苗など豊富な品揃えで販売しています。
ハーブティーの試飲もできます
本日の朝摘みフレッシュハーブティー
今まで、ハーブ類を「料理用」として考えて使っていたけれど、今回「薬用」としてのハーブの力を知りました。
「食べる薬」としてのハーブについてもっと知りたくなります!
そしていろいろ買ってしまう

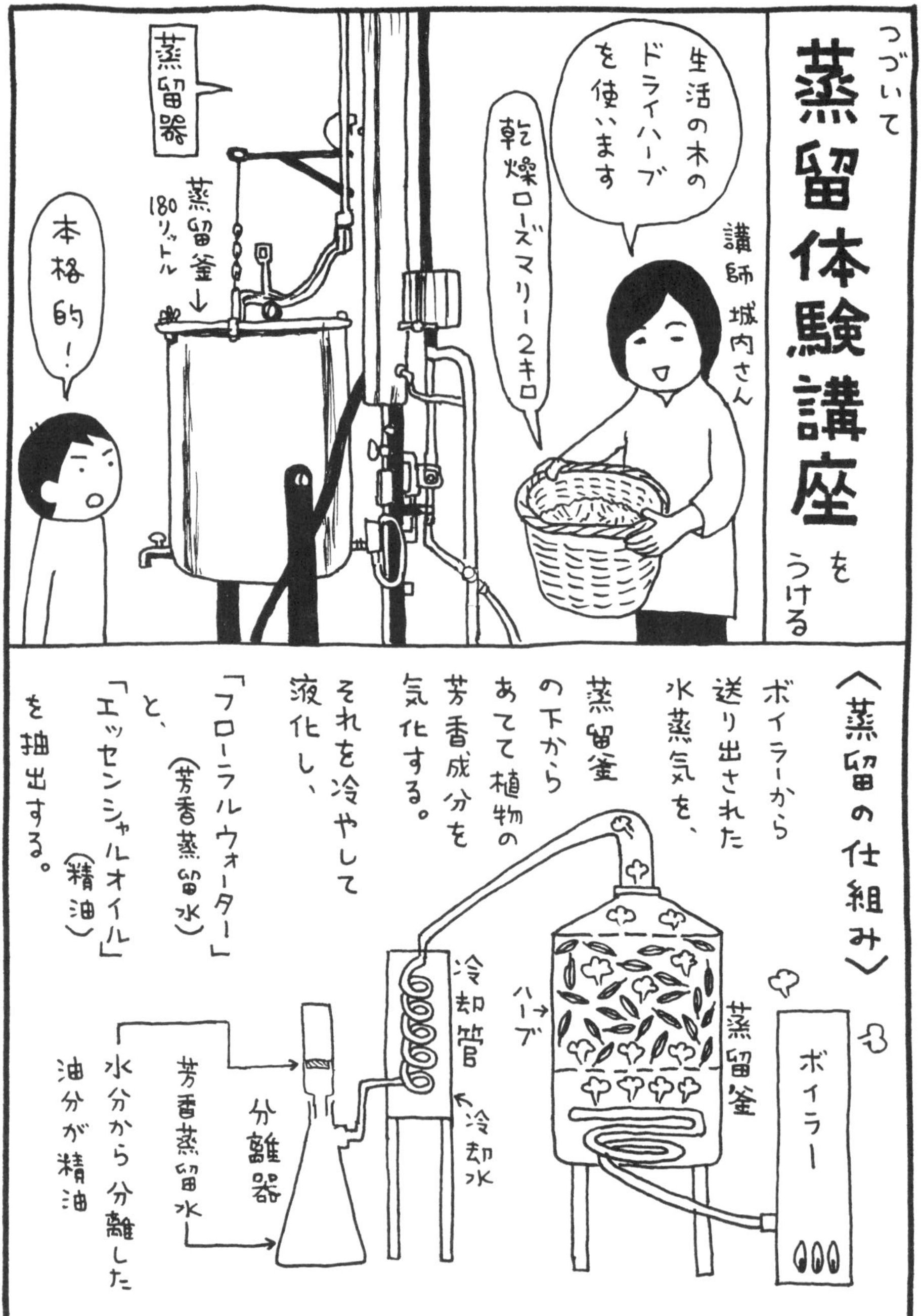
つづいて
蒸留体験講座
をうける
講師 城内さん
生活の木のドライハーブを使います
乾燥ローズマリー2キロ
蒸留器
蒸留釜 180リットル
本格的!
〈蒸留の仕組み〉
ボイラーから送り出された水蒸気を、蒸留釜の下からあてて植物の芳香成分を気化する。
それを冷やして液化し、
「フローラルウォーター」（芳香蒸留水）と、「エッセンシャルオイル」（精油）を抽出する。
ボイラー
蒸留釜
ハーブ
冷却管
冷却水
分離器
芳香蒸留水
水分から分離した油分が精油

日本古来《らんびき》
イタリア製《アランビック》
こんな小さな蒸留器もあります
卓上サイズ
銅製
電気ポットくらいの大きさ
陶製
かわいい!!
これならうちでもできる?!
※このサイズだと蒸留水はできるけど精油を採るのがむずかしいことも。
ハーブによっては
くりかえし濃縮したらたぶんできますが
知っておきたい
ローズマリー雑学
ローズマリーは若返りの薬?!
ハンガリーの王妃エリザベートは、ローズマリーを原料にした化粧水で若さをとり戻し、70歳にしてポーランドの若き王子にプロポーズされたという!!
最近の研究では香りが脳を刺激、活性化するらしいとローズマリーが注目されているのだとか!
海馬
嗅ぐことによって海馬が活性化する
昼
ローズマリー&レモン
リフレッシュ
夜
オレンジスイート&ラベンダー
リラックス
この組みあわせオススメです
有名な逸話
ローズマリーは血行促進に良いそうです
うそー
それなら試したいわ〜
これも気になる!

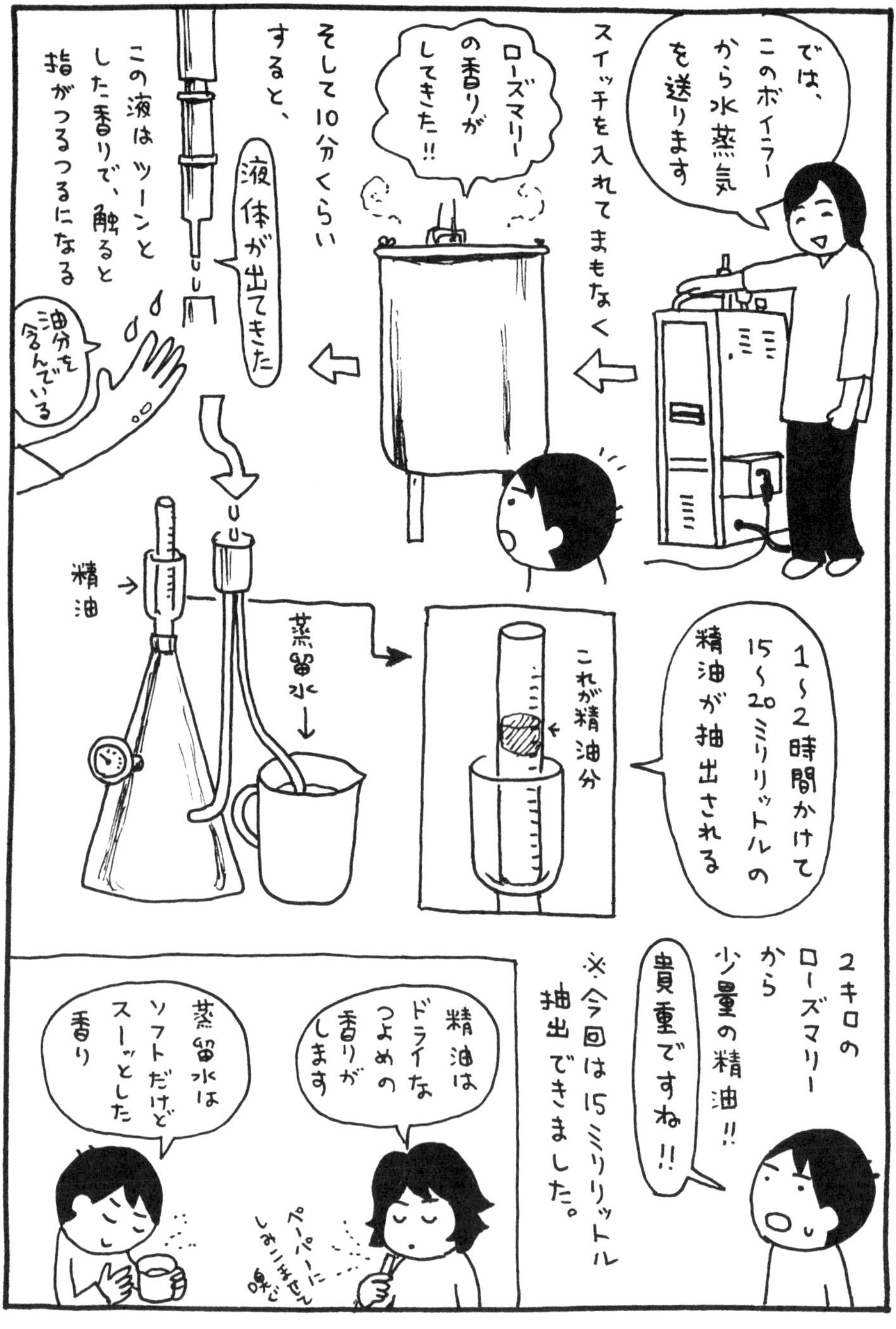
では、このボイラーから水蒸気を送ります
スイッチを入れてまもなく
ローズマリーの香りがしてきた!!
そして10分くらいすると、
液体が出てきた
この液はツーンとした香りで、触ると指がつるつるになる
油分を含んでいる
精油
蒸留水
これが精油分
1〜2時間かけて15〜20ミリリットルの精油が抽出される
2キロのローズマリーから少量の精油!!
貴重ですね!!
※今回は15ミリリットル抽出できました。
精油はドライなつよめの香りがします
蒸留水はソフトだけどスーッとした香り
ペーパーにしみこませ嗅ぐ

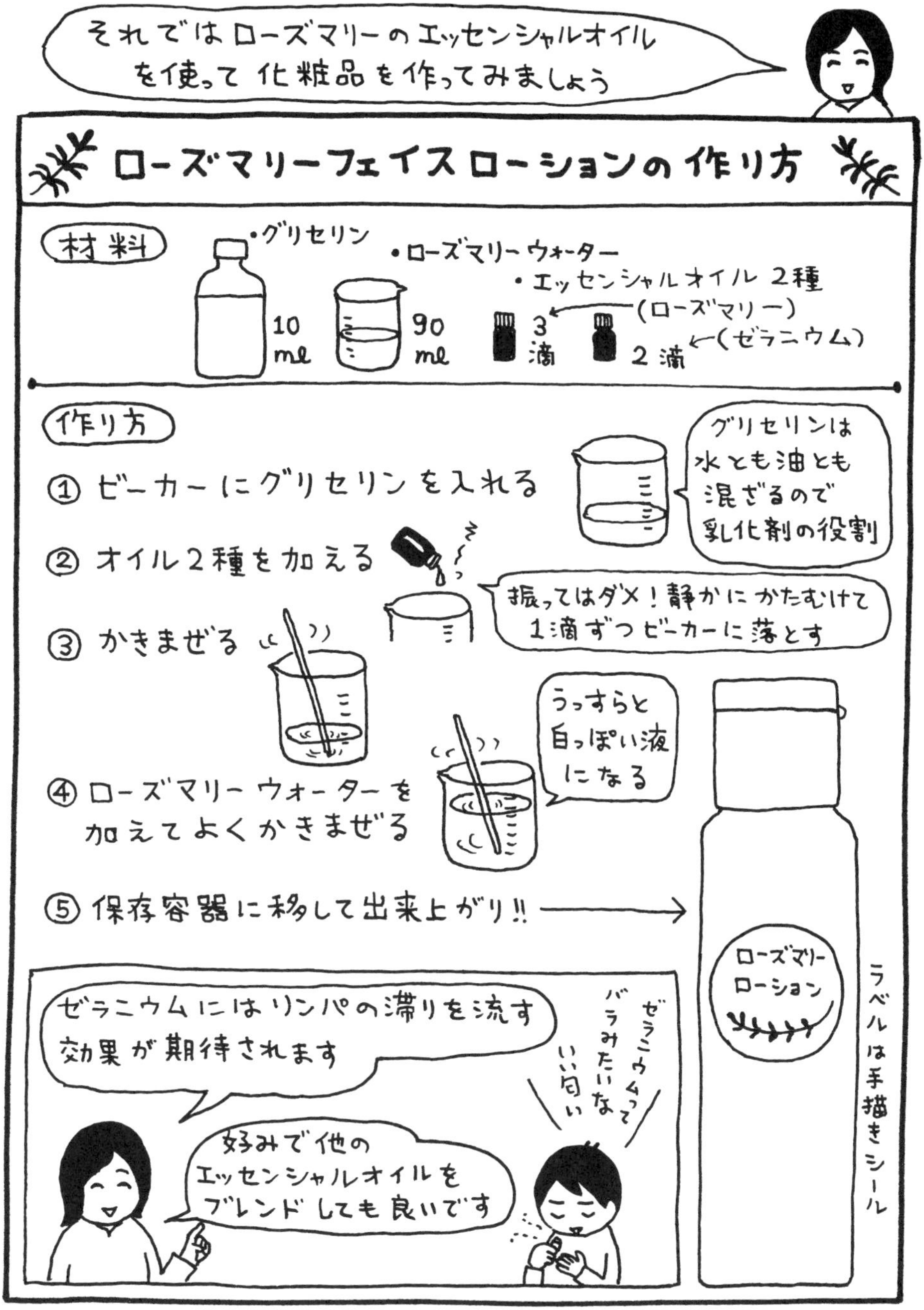
それではローズマリーのエッセンシャルオイルを使って化粧品を作ってみましょう
ローズマリーフェイスローションの作り方
材料
・グリセリン 10ml
・ローズマリーウォーター 90ml
・エッセンシャルオイル 2種
(ローズマリー) 3滴
(ゼラニウム) 2滴
作り方
① ビーカーにグリセリンを入れる
グリセリンは水とも油とも混ざるので乳化剤の役割
② オイル2種を加える
振ってはダメ! 静かにかたむけて1滴ずつビーカーに落とす
③ かきまぜる
④ ローズマリーウォーターを加えてよくかきまぜる
うっすらと白っぽい液になる
⑤ 保存容器に移して出来上がり!!
ローズマリーローション
ラベルは手描きシール
ゼラニウムにはリンパの滞りを流す効果が期待されます
好みで他のエッセンシャルオイルをブレンドしても良いです
ゼラニウムってバラみたいないい匂い

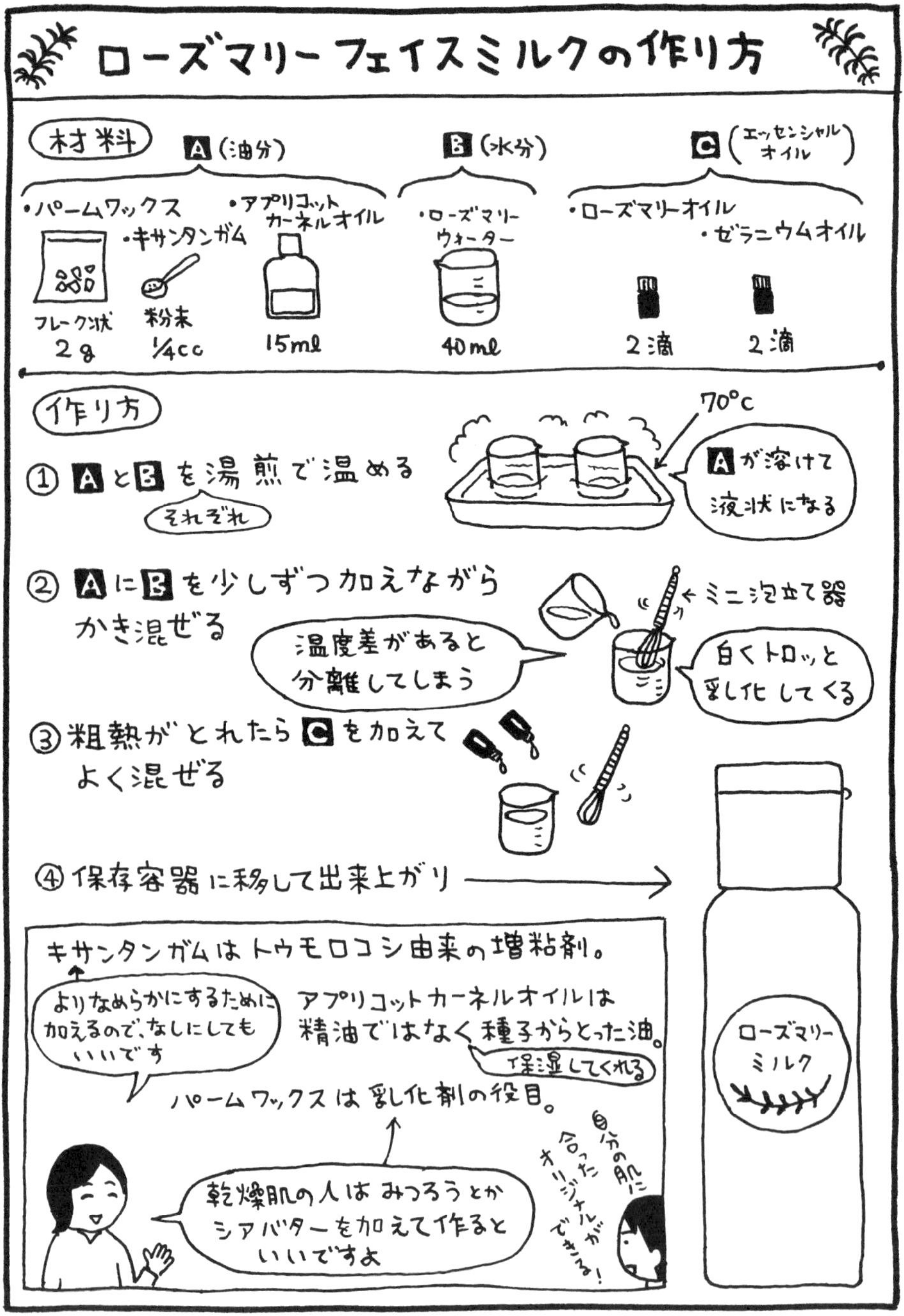

ローズマリーフェイスミルクの作り方
材料
A（油分）
・パームワックス
フレーク状
2g
・キサンタンガム
粉末
1/4cc
・アプリコットカーネルオイル
15ml
B（水分）
・ローズマリーウォーター
40ml
C（エッセンシャルオイル）
・ローズマリーオイル
2滴
・ゼラニウムオイル
2滴
作り方
① AとBを湯煎で温める
それぞれ
70℃
Aが溶けて液状になる
② AにBを少しずつ加えながらかき混ぜる
温度差があると分離してしまう
ミニ泡立て器
白くトロッと乳化してくる
③ 粗熱がとれたらCを加えてよく混ぜる
④ 保存容器に移して出来上がり
ローズマリーミルク
キサンタンガムはトウモロコシ由来の増粘剤。
よりなめらかにするために加えるので、なしにしてもいいです
アプリコットカーネルオイルは精油ではなく種子からとった油。
保湿してくれる
パームワックスは乳化剤の役目。
乾燥肌の人はみつろうとかシアバターを加えて作るといいですよ
自分の肌に合ったオリジナルができる！

作ったローションとミルクはお土産に。
プラス
余ったローズマリーウォーターと、ローズマリーオイルも。
ローションと同じ作り方で、グリセリンを無水エタノールにおきかえると、ルームスプレーが出来ます
シトロネラオイルを使うと虫除けになる
やってみます!!
こんな体験をしたあとに併設のハーブギャラリーに行ったので、
ショップ
「同じシトロネラ」でも産地で香りがちがうんだ!
母のうっかり防止にラベンダー&ローズマリーでつくろうかな
いろいろ試していろいろ欲しくなった!!
買い物しました〜
天然由来で安心安全で使い心地がいい!!
ローズマリー効果に期待…
しっとり
ローション&ミルク
シトロネラとローズマリーのスプレーも作った。
ベランダに出るときシュッとする
首すじにシュッ!
スーッとして気持ちいい
香りが生活を豊かにすることを実感!!

※レストランメニューは2019年6月時点での内容です。
メニュー内容は変更する場合があります。

PROFILE

生活の木メディカルハーブガーデン薬香草園

古代から人類が健康の為に利用してきた植物、大地の恵みメディカルハーブ。先人たちは何千年ものあいだ、生きるという経験を通してハーブを治療に役立ててきました。生活の木「薬香草園（やっこうそうえん）」は、ハーブ本来の用途、メディカルも考える新たなハーブガーデンです。香草の持つ効果により焦点を当て、健康や日常の一次予防としての知識も随所で発信いたします。
https://www.treeoflife.co.jp/garden

DATA

住所：〒357-0041 埼玉県飯能市美杉台1-1
TEL：042-972-1787
営業時間：
［ショップ］10：00 ～ 18：30
［レストラン・ベーカリー・ガーデンハウス］
10:00 ～ 18:00
（レストランラストオーダー 17:00 ）
※11月～2月の冬季営業時間、メディカルハーブハウスは17:00まで
月曜定休日（祝祭日を除く）

パクチー畑でお料理を
広い畑を抜けると古き良きお家が。
いらっしゃ〜い
横山ファームの横山みゆきさん
野菜農家であり、料理研究家・レシピ開発・やさい料理社交倶楽部主宰
の肩書きをもつ。
所沢の地で従来の野菜だけではなく、西洋野菜、アジアの野菜なども作っている。
アジア料理大好き〜
4年前から力を入れているのがパクチーです！
20数年来のパクチニスト!!
編集Uさん
パクチー好き〜
一面のパクチー畑
さて、本日は——

まずは パクチーサラダ

《材料》
- パクチー2束(ざく切りにする)
- ごま油てきとう
- 白だし小さじ1
- 黒コショウ
- パルメザンチーズ
- のり

(黒コショウ・パルメザンチーズ・のり:お好みの量だけ)

《作り方》

① パクチーのざく切りをボウルに入れ、ごま油をまわしかける

② しっかりと和える

③ 白だしを加えて和える

④ 黒コショウも和える

しっかりめがおいしい

⑤ パルメザンチーズをすりおろして軽く和える

⑥ お皿に盛りつけてから、のりをちぎって散らす

パクチースープ

《材料》
- パクチー1束
- にんにく1片(すりおろし)
- ハラペーニョ1本(細かく刻む)
- ごま油 大さじ1½
- とりがらスープ顆粒小さじ½
- ナンプラー小さじ½
- 水500cc
- レモン(仕上げに搾る)てきぎ

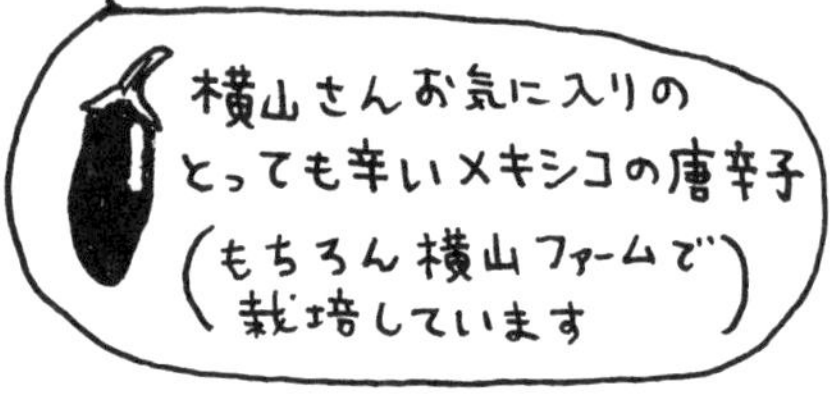

《作り方》

① パクチーを刻む

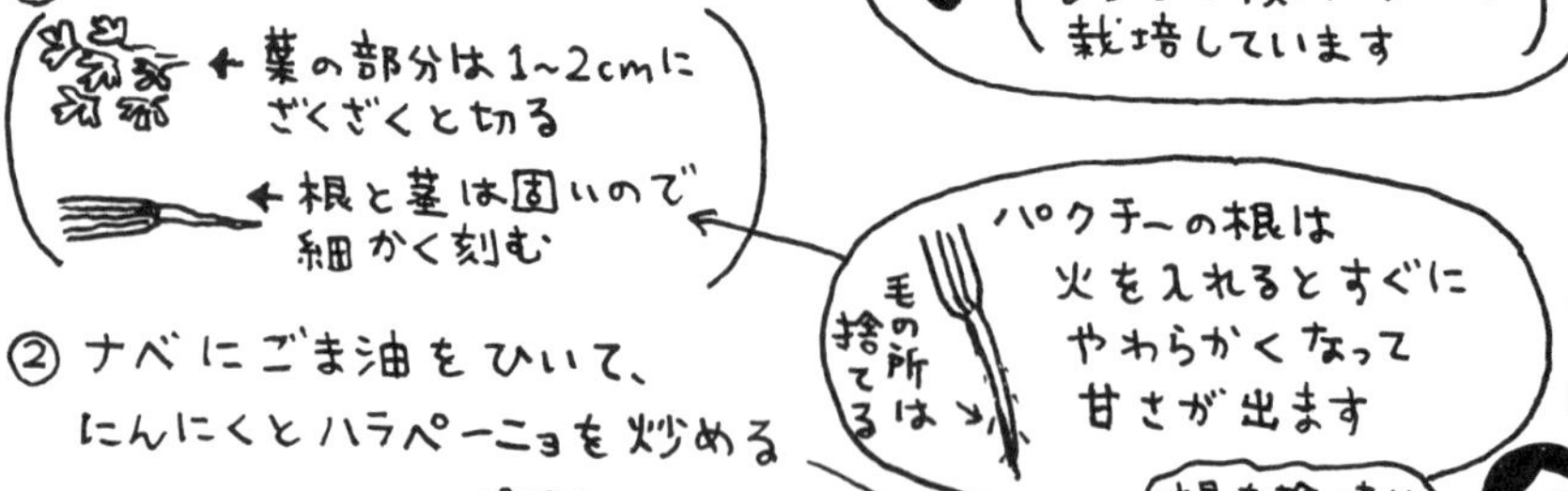

② ナベにごま油をひいて、
にんにくとハラペーニョを炒める

③ ②の香りが出たら根《パクチーの》を炒める
(香ばしさが出る) と茎

④ 葉も軽く炒める

⑤ 水を入れて煮る

⑥ とりがらスープとナンプラーで味付けをする
(味見をして、しおやしょうゆを足してもいい)

⑦ 仕上げにレモンを搾る

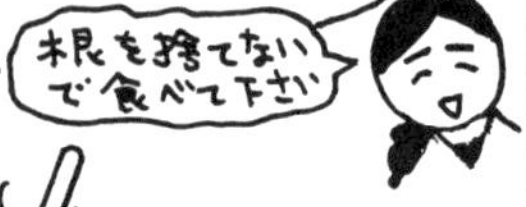

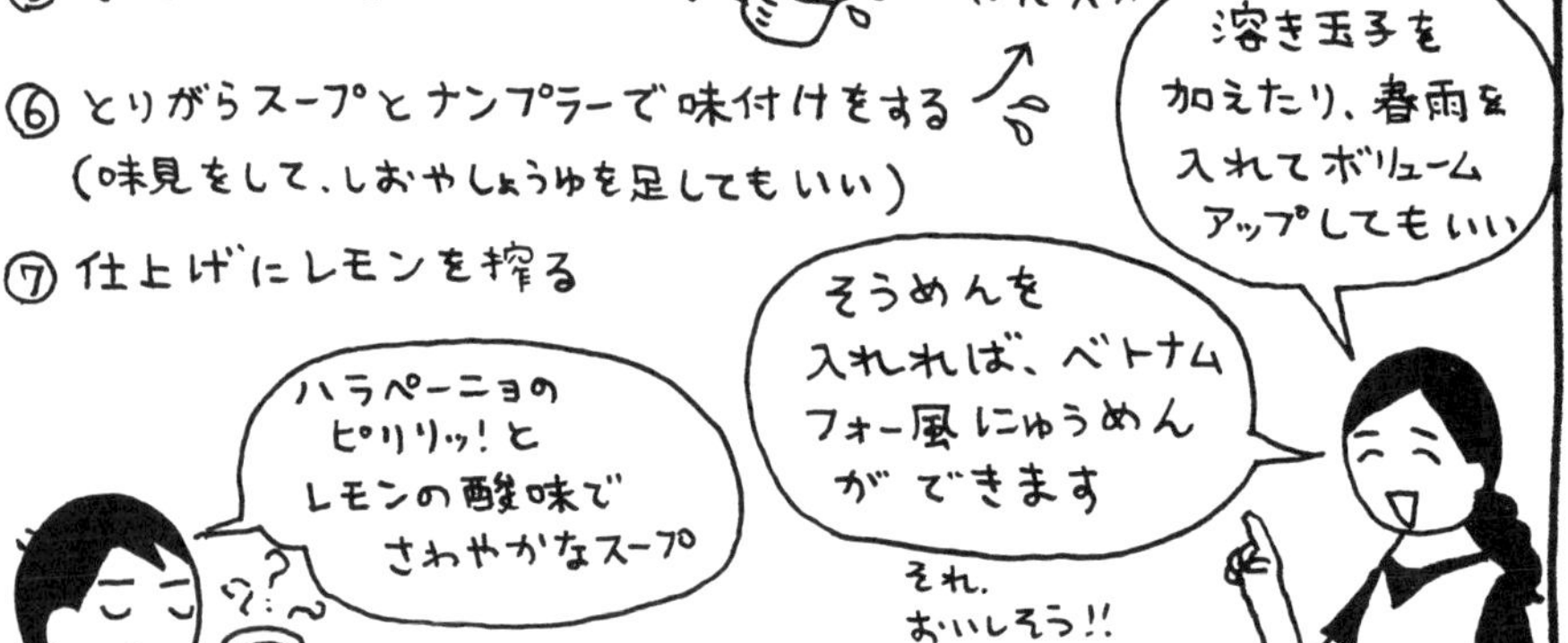

パクチーかきあげ

《材料》
- パクチー 1束
- 紅ショウガ 大さじ2
- 天ぷら粉と片くり粉（3:1の割り合い）
- 揚げ油 てきぎ

《作り方》

① 天ぷら粉と片くり粉を水で溶き、タネをつくる

② パクチーをザク切りにする

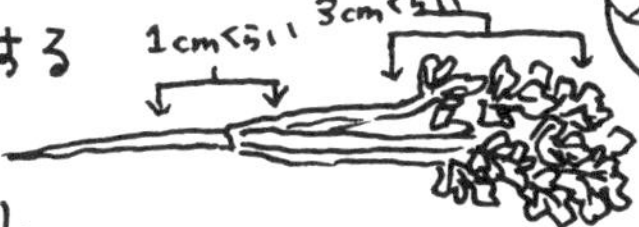

③ 紅ショウガの水気を切り、
長ければザク切りにする

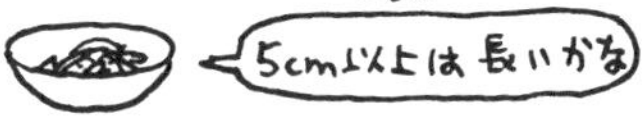

④ ②と③を①のタネに混ぜる

⑤ 揚げる（だいたい4コ分できる）

パクチーチャーハン

黄色のチャーハンに緑のパクチーてんこ盛り

《材料》
- パクチー1束（根っこごと刻む）
- 冷やごはん2膳分
- 卵1個
- ハラペーニョ1本（細かく刻む）
- にんにく1片（すりおろし）
- ナンプラー小さじ1
- しょうゆ小さじ½
- 和風顆粒だし小さじ½
- 油 てきとう

《作り方》

①冷やごはんに卵を混ぜ込む
（卵で飯粒をコーティングすることでパラパラチャーハンになる）

②フライパンを熱して油をひき、にんにくとハラペーニョを炒める

③②の香りが立ってきたら、パクチーの根と茎を炒める

④①のごはんを加えて、ほぐしながら炒める

⑤和風顆粒だし、ナンプラー、しょうゆで味付けする

⑥盛り付けてから、パクチーの葉を上にのせる

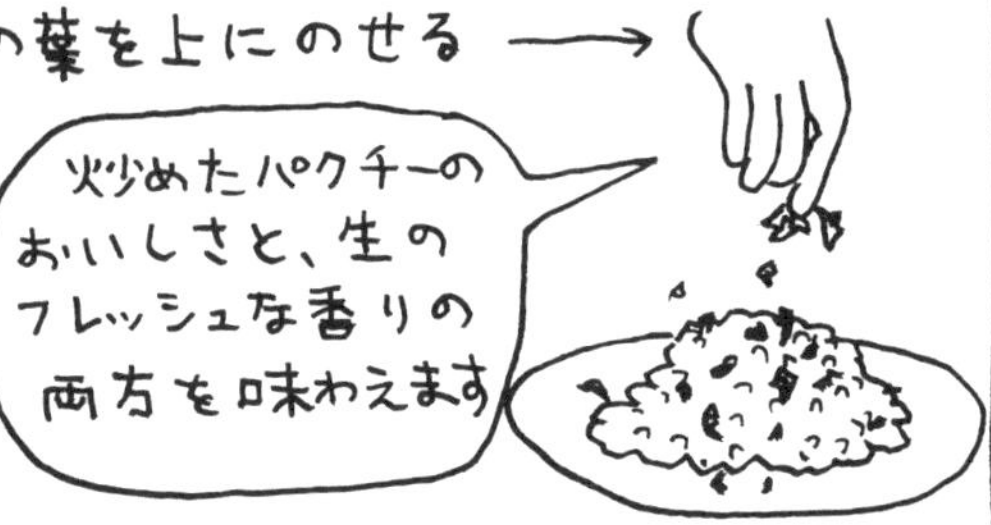

パクチー冷製パスタ

ジェノベーゼのパクチーバージョン!!

《材料》

Ⓐ
- クルミ 30g
- パクチー 20g
- オリーブオイル 50〜60g
- しお少々
- つぶしたにんにく1片

- パスタ 100g
- トマト大玉1個（ザク切り）
- しお、コショウ てきとう
- パルメザンチーズ てきとう

《作り方》

① ペーストをつくる（Ⓐの材料を上から（クルミから）順番に加えてミキサーにかける ※一度に加えるとなめらかにならない）

② トマトのザク切りはキッチンペーパーで水気を切っておく

③ パスタは規定の時間ゆでる
（パッケージに載っている時間） ※アルデンテだと硬すぎるので注意

④ ③のパスタを冷やす

⑤ ④の水気を切り、①のペーストで和える

⑥ トマトも和える

ペーストは全量入れずに大さじ4杯くらいで様子をみる

⑦ しお、コショウで味を整える

⑧ パルメザンチーズをおろして和える

余ったペーストはゆでたジャガイモを和えたり…ジェノベーゼ的に使えます!

できあがった料理を囲んで
おいしいひととき・・・。
パクチー料理話で盛り上がる。
夢のパクチーづくし!!
ワンプレートランチ
マネしたい!!
パクチーに、トマトとマヨネーズだけのシンプルサンドイッチ好き!
オムレツの仕上げにパクチーとトマトを入れるとおいしいです
パクチー版柚子コショウも作ってるんです
えーほしい～
しかしうらやましい環境～
いろとりどりのプチトマトつけあわせに
デザートはブルーベリー
全て自家製!!
庭のあちこちにいろんな香草、樹果が育っている。
大葉はあっち
ディルはそっちに生えてます
ミョウガはうらに
春はタケノコがニョキニョキでてきて
柚子や果物はそこらにあるのよ～
広い庭いいな～

PROFILE

横山美道（よこやま　みゆき）

1969年埼玉県所沢市の野菜農家、横山廣右衛門清貞農園の長女として生まれる。

食品企業退社後、独立してフラワーアレンジメント・ウエディングブーケのネットショップとフラワーアレンジメント教室を立ち上げ、結婚式場の装花等を手がける。2011年に仕事の拠点を実家の農園に移し、菓子製造業の営業許可を取得、廃棄野菜を使ったお菓子作りを始める。その後、野菜と消費者を直接繋げる為のコミュニティー『やさい料理社交倶楽部』をfacebook上に立ち上げ、新しい農家の取り組みを発信している。

https://www.facebook.com/miyuki.sunshine

コンパニオンプランツって

そもそもコンパニオンプランツって
園芸書で調べると、

「野菜×野菜」

「野菜×香草など」

の組み合わせを指しているみたい。
・ナス×パセリ とか
・キュウリ×ネギ とか
だからか？
・バジル
・チャイブ
・ミニトマト
この組み合わせのプランターは
よく育った！（とくにミニトマト）
「たまたまうまくいった」
「工夫したのに失敗」
を未だくりかえしています
日当たりとか他の要素もある
でも毎回、3〜4種を混植するようにしている。
香草ではないけれど、コンパニオンプランツとして効果があるかな？と加えたものもある。
キク科
マリーゴールド
次々と花が咲きます
マメ科
クローバー
四ツ葉の多い品種とかある
赤い葉とかもある
効果の程は…よくわかりませんが、
うちの香草オンリーのベランダに華やぎがでた!!
という発見がありました。

キッチンで育てています
スーパーなどで買った香草（根のついたパクチーとか、水耕栽培に向くクレソンなど）、1～2本はキッチンで育てて楽しみます。
用意するもの
香草
↑外葉はとる（料理に使う）
容器
適度に深さがあるもの
キッチンスポンジ
スポンジは容器にはまるサイズにカット
十字に切り込みを入れる
だいたいのカタチに切ればスポンジなのではまる。
①スポンジに茎の下部を挟む
十字を開く
②水を入れた容器に①をはめる
空気の層を作る
③新芽が伸びる！
カンタン!!
ーーですが、このやり方だと大きく育てられないので
・料理の彩り用
・キッチンの観賞用
と考えて栽培しています。
水と緑があると和む…
こんなやり方も!!
芽や根が出てきた時点で土に植えつけると、しっかり育ちます。

「香草」ではないけれど「スプラウト」の栽培は手軽なのでよくやっています。
(光に当てず育てたいから)
用意するもの
遮光する容器
フタ
(わたしはアルミ箔使用)
コットン
容器にしきつめる量
① コットンをしき、たっぷり水を含ませる
タネは重ならないようにまく
② フタをして発芽をまつ
(1〜2日で発芽しはじめる)
水はまめにかえる
③ 5cmくらいに伸びたら
(1週間くらい)
④ 日に当てる
フタバが緑に！
あまり大きくならないうちに食べる
遮光する場があれば、ガラス容器もいいと思う。
わたしは牛乳パック(・_・)に布をボンドで貼ったものを使っています。
(洗えば5〜6回使える)
6cmくらいにカット
「スプラウト用」として売られているタネの方が発芽しやすいようです。
(うちではカイワレダイコンとブロッコリースプラウトを常備)
普通のタネを使うと発芽に時間がかかるよう…
(で、カビさせたことがある!!)
だけど試してみると面白いです！
ルッコラは小さくても
ルッコラの香り！
小さ〜い
クレソンのスプラウト
キッチンの乾物！
緑豆でやってみた
もやし〜

香草のふやし方いろいろ

わたしは本当に雑な性格で、マメな手入れとかしないので、いろいろやってみるものの、失敗することの方が多いくらいです。
だからこそ？ うまくいくととても嬉しい!!
ミラクル!!
と思う…
試してみたやり方をいくつか紹介しますね。
《タネを収穫》
タネが完熟する前に摘んで、日陰で乾燥
↑枝ごと吊るす
穂先をザルで干す
密封して保存
まき時になったらタネをまく
うまく発芽して、市販の苗よりぐんぐん育つとなんだか誇らしい。
ニヤリ
《挿し木》
ローズマリーの場合
ローリエ タイムとかでもできる
若い枝の先を切る
10センチくらい
下の葉はとる
水に30分くらいつけておく
土に挿して まめに水やり
日陰
1ヵ月くらい育てて成長ぐあいを見て定植する

《水挿し》
ミントやバジルの場合
クレソンでもできる
切り口を
水に挿して
明るい
室内で管理
根が
伸びて
きたら
定植する
スーパーで
買ってきた
香草の枝
でも試せ
ます
《株分け》
芽が活動していない時期
(春先か晩秋)にする
ミント、
タイム、
チャイブとか
ふえた株を
ひきはなし、
植えかえる
多年草の香草は
同じプランターで育て続け
ると株が弱くなるので
やった方がいい
ということは
わかっているんだ
けど、この手間を
かけずに枯らして
しまうことも…
あるある
しかし、
こうやって
自分が育てた
香草からまた
新しい命が根をはり、
成長する――!
感動的!
ここ
香草愛もより
深まります。
元気に
育て～
上手に
育てると
長――くつきあえます。

虫がきたよ
わたしはわりと昆虫が
好きなんだけど、
植物にとって害がある
場合は排除しなければ
いけない！
だから毎朝、葉や茎を
観察して、病気のきざし
や虫の形跡がないか
調べています。
（特に春から夏は注意）
——これを一日怠った
だけで大変なことに！
昨日は何ともなかったのに!!
びっしり
アブラムシ
あっという間に増殖してしまう。
だから一匹でも発見したらすぐにやっつける
慣れると手でつぶすのも平気になる
プチ
ピンセットを使っていた時もあったけど…
アブラムシ対策として、公園でテントウムシの幼虫を捕ってきて、香草に放します。
日向の葉の上などにいる。
黒とオレンジ色
テントウムシは幼虫も成虫もアブラムシを食べるのだ。
（しかし絶対的な効果があるわけではない。やはりマメにチェックすること）
幼虫
サナギ
成虫
いつのまにかいなくなる
テントウムシ観察も楽しい〜
クモとかハチも益虫なので歓迎。

チョウやガの幼虫にも注意!!
成長観察はすごく面白いんだけど・・・
トリのふんのような幼虫
指くらいの太さに
サナギ
立派なチョウに
これはキアゲハだけど、
成虫になるまでに香草が丸ハダカになります!!
パセリ全滅!!
キアゲハはパセリなどに卵を産む
モンシロチョウはクレソンやルッコラに。
気がついた時にはけっこうな被害になっている・・・。
よりによって新芽を食い荒らすメイガ
小さくてみつけにくい
昼は土の中にかくれていて夜に葉をたべるヨトウガ
↑葉が白く透ける
葉に白い線
この中にハモグリバエの幼虫がいて葉を食べている
見つけづらい!!
ブチッ
ダメになってしまった葉、枝を切り、原因の虫を処分する——
これしか方法はないと思う。
あとは農薬?
効くんだろうけど使いたくない気持ちがあるので、
でもうちで食べる香草だし
・牛乳
（アブラムシ対策）
・木酢液 ↑市販品。炭を作る過程でできる液体
（病害虫全般に効果あるらしい）
を時々スプレーしています。
絶対的な効果はないです
シュッ シュッ

病気?! どうする
葉の色が変!!
もしや病気?!
と、まず疑ってしまいますが——
育て方、環境による生育不良、が原因のことも多々あります。
日光に当たりすぎて葉がゴワゴワと硬くなる。
大葉とかバジルとか
水はけが悪くて根腐れ……。
パセリ
水分少なめで育てるべき
日当たりも悪く、コケが生えた!!
肥料不足〜〜〜。
ミント
葉が黄色になった
肥料は与えすぎてもいけない!
ローズマリー
もともと肥料は少なくてよいとされる
はりきって(?)肥料をあげたらなぜか落葉した…
正しい環境を整えることが健康な植物を育てるための大前提です!!
なかなか上手にできないです〜

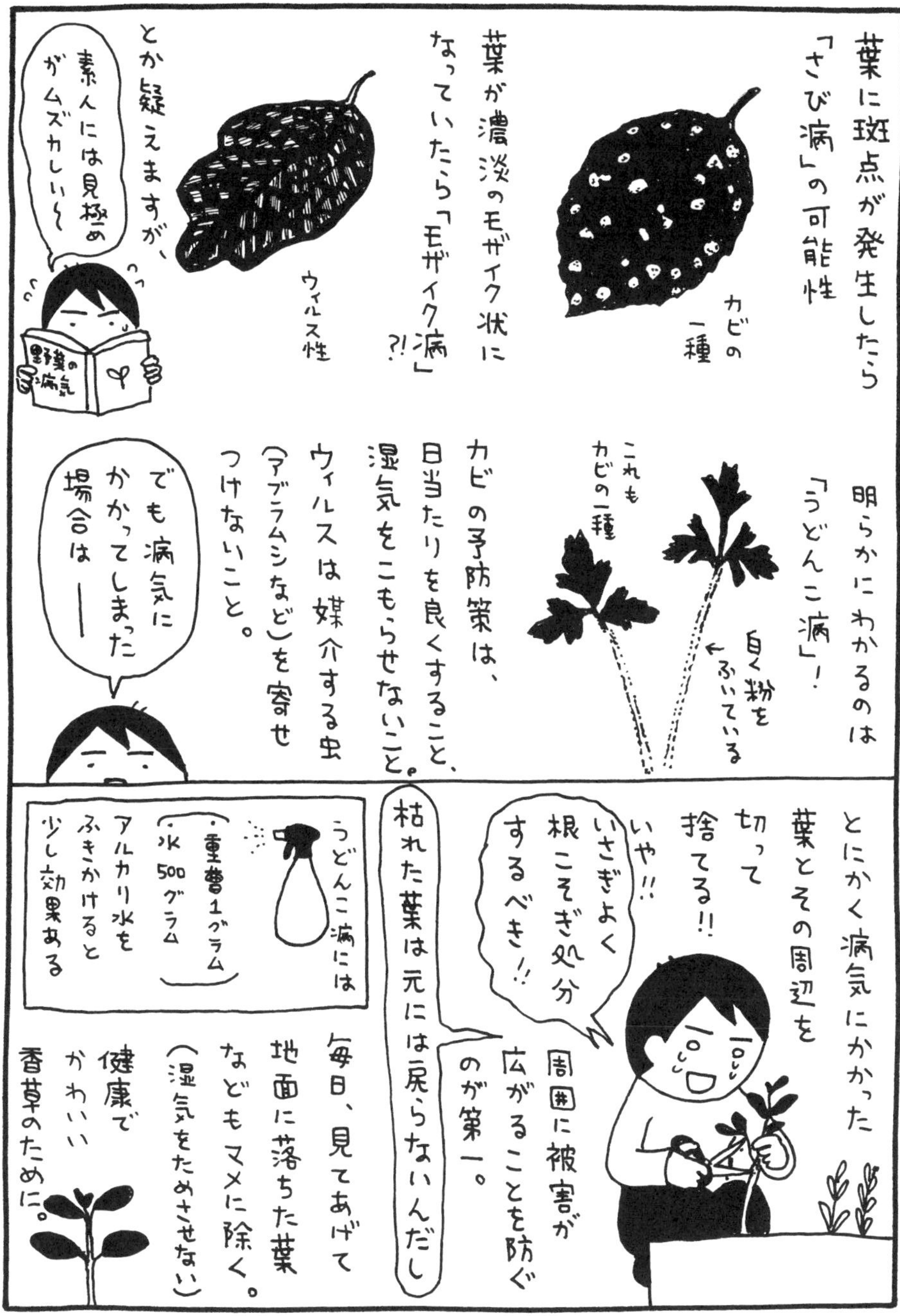

葉に斑点が発生したら「さび病」の可能性
カビの一種
葉が濃淡のモザイク状になっていたら「モザイク病」?!
ウィルス性
とか疑えますが、
素人には見極めがムズカシい〜
野菜の病気
明らかにわかるのは「うどんこ病」!
白く粉をふいている
これもカビの一種
カビの予防策は、日当たりを良くすること、湿気をこもらせないこと。ウィルスは媒介する虫（アブラムシなど）を寄せつけないこと。
でも病気にかかってしまった場合は——
とにかく病気にかかった葉とその周辺を切って捨てる!!
いや!! いさぎよく根こそぎ処分するべき!!
周囲に被害が広がることを防ぐのが第一。
枯れた葉は元には戻らないんだし
うどんこ病には
・重曹1グラム
・水500グラム
アルカリ水をふきかけると少し効果ある
毎日、見てあげて地面に落ちた葉などもマメに除く。
（湿気をためさせない）
健康でかわいい香草のために。

香草の保存方法いろいろ

保存の仕方、いろいろ
あります。
一番やりやすいのは、

《乾燥》

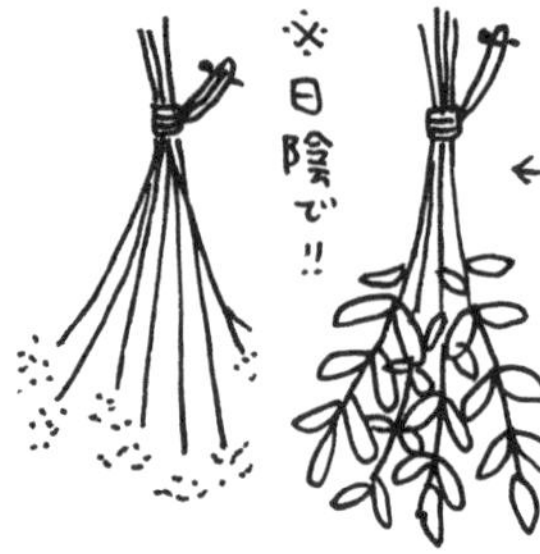

←吊るす
※日陰で!!

パリパリに乾いたら、

ザルに
広げる

密閉ビン・袋に
入れて保存。
日の当たらないところで

乾燥させた香草の香りは、フレッシュなもの
とは少し違うものになる。
わたしは基本的に摘みたてを使うのが好き
です。
うちでドライ保存する
のは、
コリアンダーのタネと
サフランのメシベ、
ローリエの葉、
くらい。

あと
ラベンダーの
花
ドライの
方が匂いがたつ

というか、ドライにすると
香りがとんでしまう香草も
ある。
うちのオレガノ、匂いが
なくなる……。
オレガノだけは育てながらも
ドライオレガノを購入しています……。

わたしの
干し方が
ヘタなの
?

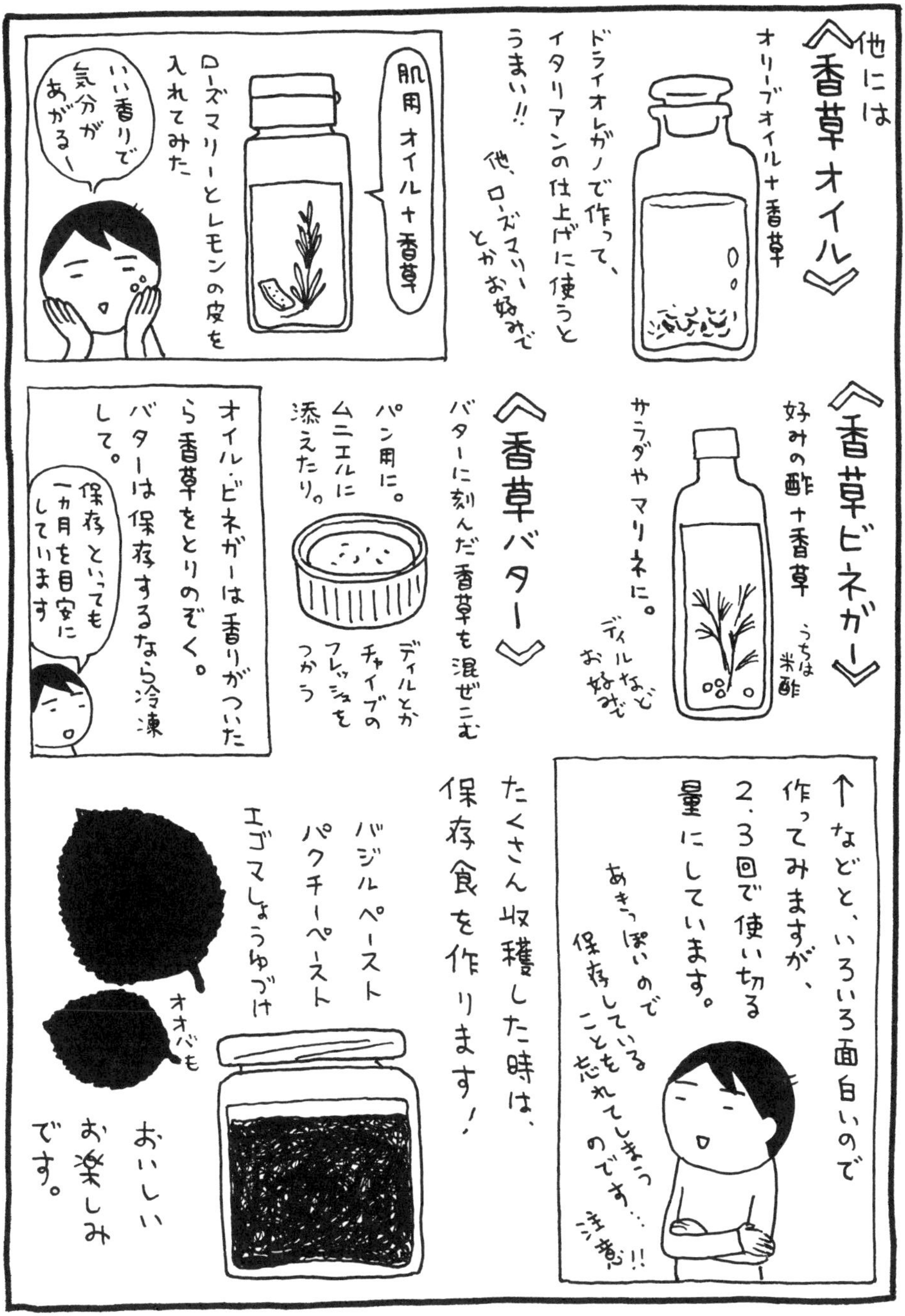

他には
《香草オイル》
オリーブオイル＋香草
ドライオレガノで作って、
イタリアンの仕上げに使うと
うまい!!
他、ローズマリーとかお好みで
肌用 オイル＋香草
ローズマリーとレモンの皮を
入れてみた
いい香りで気分があがる〜
《香草ビネガー》
好みの酢＋香草
うちは米酢
サラダやマリネに。
ディルなどお好みで
《香草バター》
バターに刻んだ香草を混ぜこむ
パン用に。
ムニエルに
添えたり。
ディルとかチャイブのフレッシュをつかう
オイル・ビネガーは香りがついたら香草をとりのぞく。
バターは保存するなら冷凍して。
保存といっても一カ月を目安にしています
↑などと、いろいろ面白いので
作ってみますが、
2、3回で使い切る
量にしています。
あきっぽいので
保存していることを忘れてしまうのです…
注意!!
たくさん収穫した時は、
保存食を作ります！
バジルペースト
パクチーペースト
エゴマしょうゆづけ
オオバも
おいしいお楽しみです。

香草カレンダー

ご紹介した香草の育てる時期と収穫期がひと目で分かるカレンダーです。
季節に合わせて生長を楽しみ、
食卓に香りをひと足ししてみてはいかがでしょう。

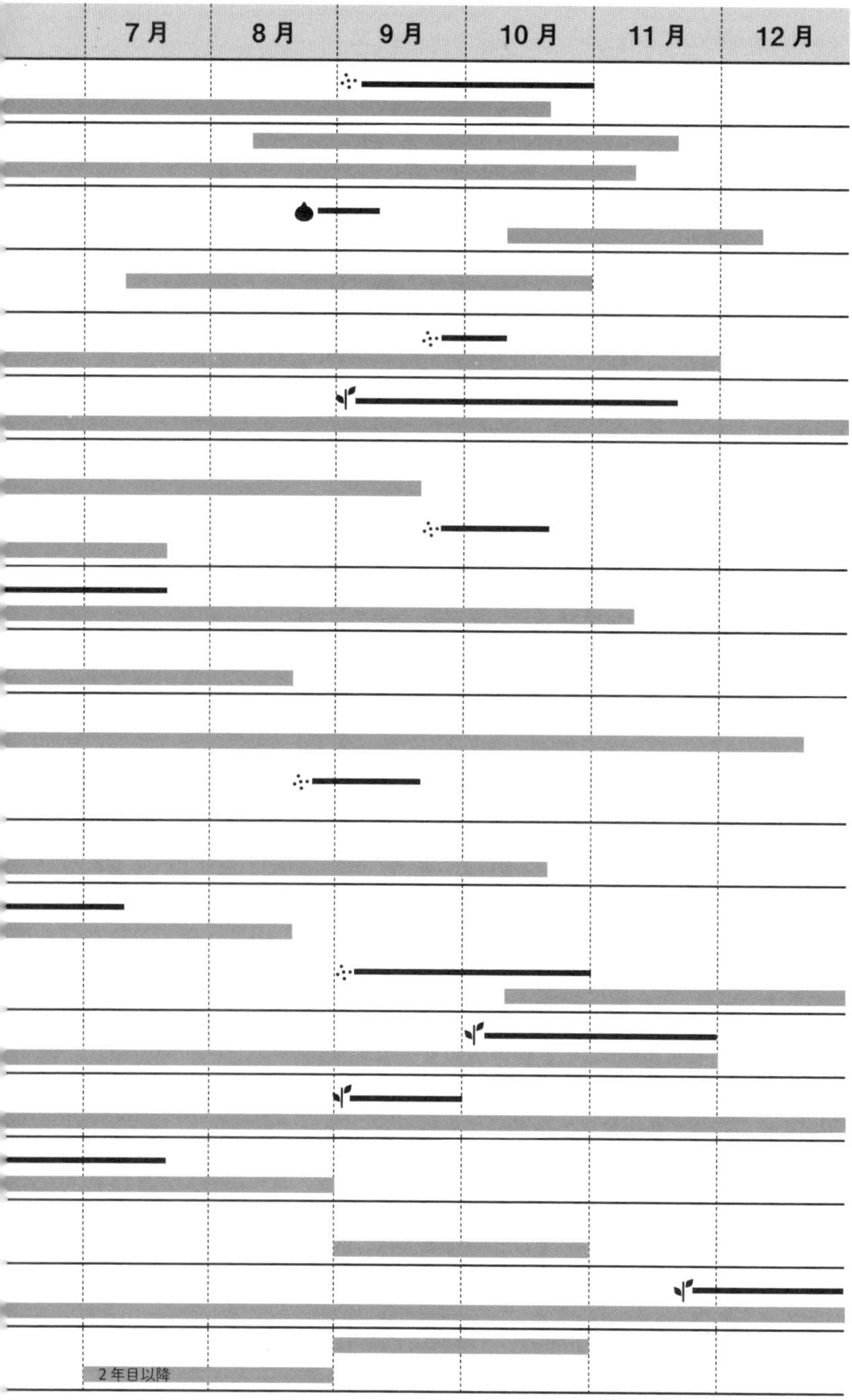
7月
8月
9月
10月
11月
12月
2年目以降

※中間地での基準です。

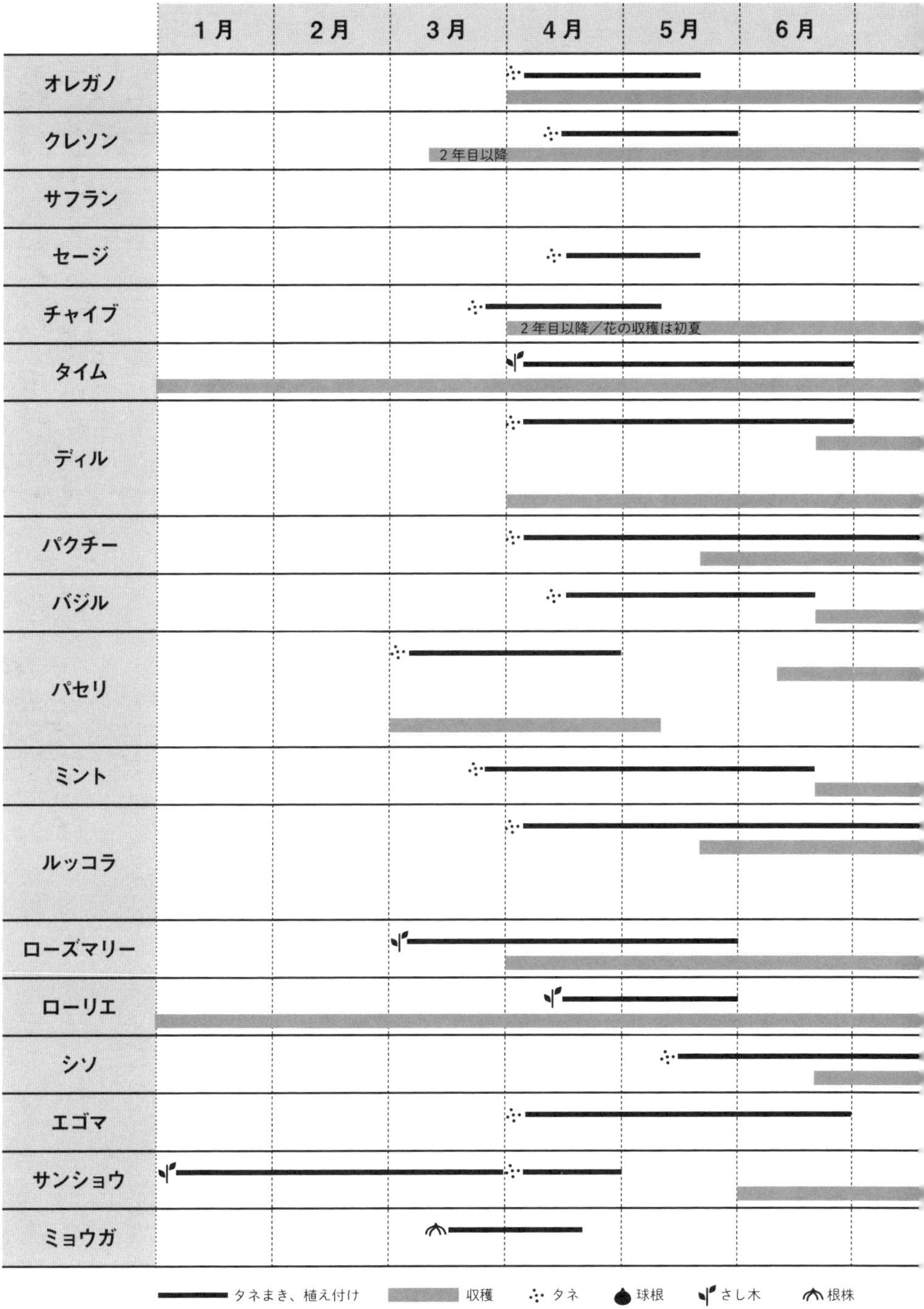
1月
2月
3月
4月
5月
6月
オレガノ
クレソン
2年目以降
サフラン
セージ
チャイブ
2年目以降／花の収穫は初夏
タイム
ディル
パクチー
バジル
パセリ
ミント
ルッコラ
ローズマリー
ローリエ
シソ
エゴマ
サンショウ
ミョウガ
タネまき、植え付け
収穫
タネ
球根
さし木
根株

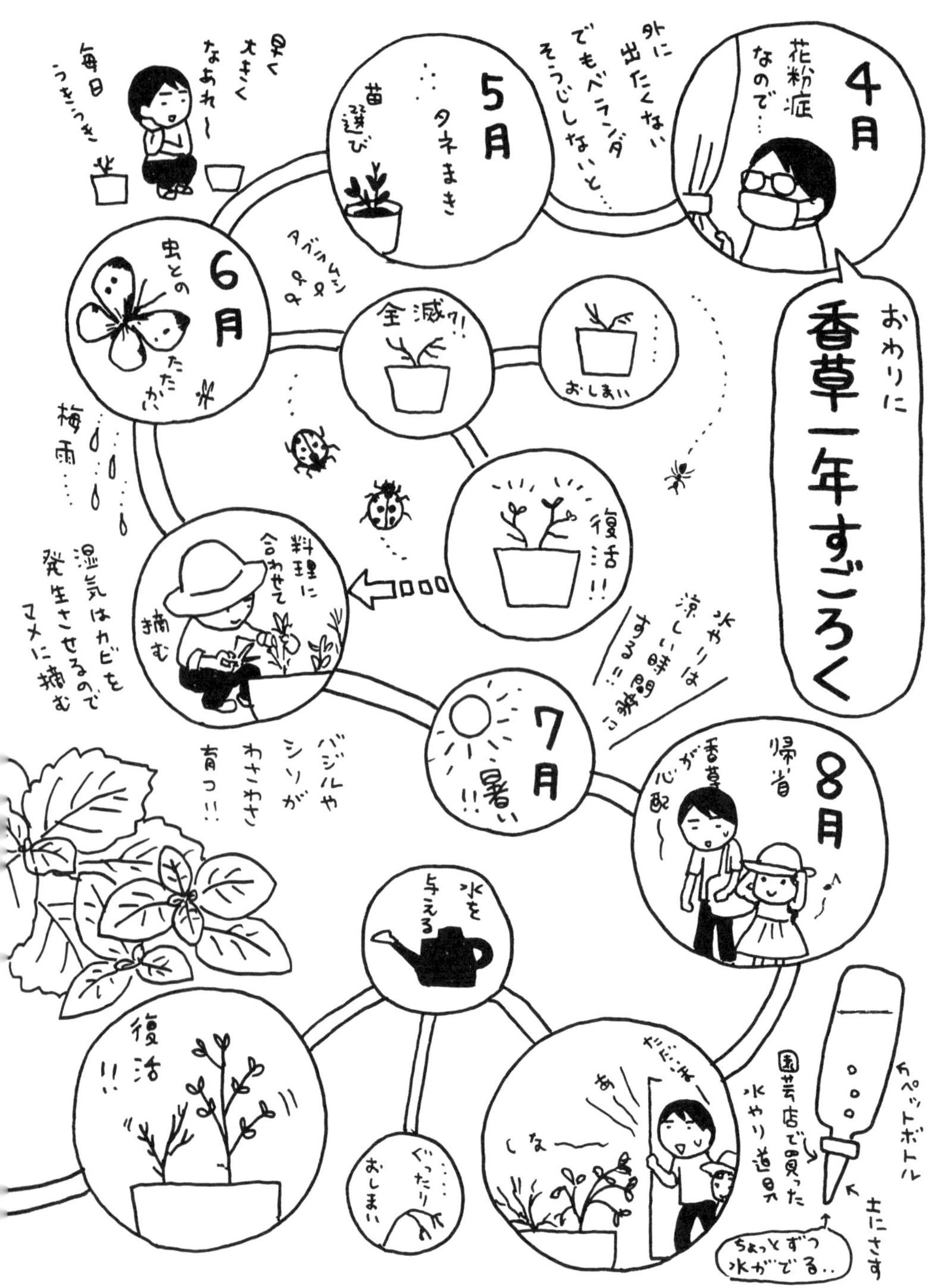

おわりに
香草一年すごろく
4月
花粉症なので…
外に出たくない
でもベランダ
そうじしないと…
5月
タネまき
苗選び
早く大きくなあれ〜
毎日うきうき
6月
虫とのたたかい
アブラムシ
全滅ッ!!
おしまい
復活!!
梅雨……
料理に合わせて摘む
湿気はカビを発生させるのでマメに摘む
7月
暑い!!
水やりは涼しい時間にする!!
バジルやシソがわさわさ育つ!!
8月
帰省
香草が心配〜
水を与える
ぐったり……
おしまい
復活!!
あ
やだ〜
しな〜〜
園芸店で買った水やり道具
ペットボトル
土にさす
ちょっとずつ水がでる..

ネギの仲間は元気
11月
秋まきのタネが発芽
12月
さむいの苦手〜
ベランダすら出たくない〜
寒い季節、地に這うように葉が伸びる
パセリ
タンポポみたい
パクチー
冬の水やりは週一ペース
タネまき
10月
サフランの花が咲く
1月
枯れたまま放置
お月さま
秋だなー
2月
へくしょ
くしょっしょ
花粉!!
つーん
一年草は枯れる
春の気配
土の中からイモムシ!!
ギャー
3月
土をほりかえしてみる
枯れ枝をとりー
9月
花が咲く
香草と暮らす
ふりだしに戻る

大田垣晴子（おおたがき　せいこ）

1969年、神奈川県横浜市生まれ。武蔵野美術大学卒業。同大学ファッションデザイン研究室勤務の後、独立。イラストとエッセイが融合した“画文”というスタイルを確立し、雑誌、新聞、広告などで活躍。著書にベストセラーになった『オトコとオンナの深い穴』（メディアファクトリー）のほか、『原色旬食』（角川書店）、『四十路の悩み』（KADOKAWA）など多数。

うちの香草《こうそう》 育《そだ》てる 食《た》べる
薬味《やくみ》とハーブ18種《しゅ》

2019年6月28日　初版発行
2020年4月20日　再版発行

著者　**大田垣晴子《おおたがきせいこ》**

発行者　青柳昌行
発行　株式会社 KADOKAWA
〒102-8177　東京都千代田区富士見 2-13-3
電話　0570-002-301（ナビダイヤル）

印刷・製本　図書印刷株式会社
企画・編集　酒井ゆう（micro fish）
装丁・本文デザイン　平林亜紀（micro fish）
編集　コミック＆キャラクター局　第3編集部

お問い合わせ
https://www.kadokawa.co.jp/（「お問い合わせ」へお進みください）
※内容によっては、お答えできない場合があります。
※サポートは日本国内のみとさせていただきます。
※ Japanese text only

定価はカバーに表示してあります。

Printed in Japan
ISBN978-4-04-106476-4　C0095